高等学校教学参考书

数学质疑式教学的研究

SHU XUE ZHI YI SHI JIAO XUE DE YAN JIU

朱维宗　康　霞　张洪巍　著

哈尔滨工业大学出版社
HARBIN INSTITUTE OF TECHNOLOGY PRESS

内容提要

本书对"质疑式"教学做了较为详细的研究,研究采用实证研究和思辨研究相结合的方法,研究的目的是期望对广大的一线数学教师实施有效教学带来一些便利和启示。

全书分为9章。首先,介绍研究的背景和研究的内容与意义,进行研究设计;然后,对关于质疑式教学已有的研究成果进行梳理,探讨数学质疑式教学的理论基础;之后,在调查、访谈、课堂观察与课例研究的基础上,开展数学质疑式教学实验研究,从中进一步挖掘质疑式教学的教学设计方法与教学理论,并初步构建出数学质疑式教学的一般模式和在此教学下的学习基本模式;最后,是研究的结论与思考。

本书可作为中小学数学教师的教学参考资料;可作为"课程与教学论"研究生、教育硕士教学和学习的参考用书,也可作为高等学校"数学与应用数学"及"初等教育专业"学生的学习参考资料。

本书适用于理工科院校大学本、专科学生,以及具备工科数学知识和计算机知识的其他科技工作者。

图书在版编目(CIP)数据

数学质疑式教学的研究/朱维宗,康霞,张洪巍著——哈尔滨:哈尔滨工业大学出版社,2012.11
ISBN 978-7-5603-3830-9

Ⅰ.①数… Ⅱ.①朱… ②康… ③张… Ⅲ.①数学课—教学研究—中小学 Ⅳ.①G633.602

中国版本图书馆 CIP 数据核字(2012)第 265446 号

策划编辑	刘培杰 张永芹
责任编辑	张 佳
封面设计	孙茵艾
出版发行	哈尔滨工业大学出版社
社　　址	哈尔滨市南岗区复华四道街10号 邮编150006
传　　真	0451-86414749
网　　址	http://hitpress.hit.edu.cn
印　　刷	哈尔滨市工大节能印刷厂
开　　本	787mm×960mm 1/16 印张 14.75 字数 263 千字
版　　次	2012年11月第1版 2012年11月第1次印刷
书　　号	ISBN 978-7-5603-3830-9
定　　价	28.00元

(如因印装质量问题影响阅读,我社负责调换)

序

21世纪是知识经济竞争的时代,是人才竞争的时代.培育创新型人才,是国家发展的根本大计!人的创新能力,主要体现于质疑批判的能力、学习知识的能力、应用知识的能力、辩证的思维能力与丰富的实践经验.

中国古代的教育家孔子很重视学生问题意识及质疑批判能力的培养,认为"疑是思之始,学之端".他在《论语述而》中说过:"不愤不启,不悱不发."意思就是在教学中要把学生置于"愤悱"之境,再通过"质疑"来启发思维,获取知识.古希腊思想家苏格拉底的"反诘式"教学,也是强调用"质疑"、"追问"来让学生学习知识,获得真理.

质疑是科学精神的一种体现.学习中要学会质疑,要敢于把怀疑的目光投向权威,善于在没有问题的地方发现问题、产生问题,在没有现成答案的地方寻找答案.批判也是科学精神的一种体现,学习中要学会用批判的目光去审视前人的知识,敢于发表个人的见解,批判性地吸收前人的知识精华,不断发现以前的相对真理的错误,不断更新真理.

当今国家创导素质教育,其核心就是创新教育,而创新的源泉和动力就是"质疑".《义务教育数学课程标准(2011版)》在论及课程总目标时,强调让学生养成刻苦勤奋、独立思考、合作交流、反思质疑等学习习惯.这种创新意识及创新能力的培养,很重要的是依赖于基础教育阶段的训练与培养.如果学生到了中学、大学毕业还没有独立思考过问题,没有产生好奇、质疑和提问的兴趣,则很难成为创新人才.

因此,在基础教育阶段,要十分重视培养学生发现问题、提出问题、分析问题和解决问题的能力,而培养这些能力的"抓手"就是要让学生学会质疑、学会批判,质疑式教学正是这种能力培养的切入点和突破口.学校的课堂应当是一个科学的、和谐的、开放的学习场所,教师应该在课堂教学中营造一种轻松、和谐的情境,抓住学生的思维困惑点进行质疑,变数学陈述性知识的学习过程为以质疑为核心的数学知识的发现、探索、交流、讨论的过程.

教师和学生应当自由地对话,共同去探索真理、发现真理.在教与学的过程中,加强学生问题意识的培养,借以塑造学生的科学基本精神:质疑与批判,探索与创新!

很高兴阅读了云南师范大学数学学院课程与教学论(数学)硕士点的导师朱维宗教授、研究生康霞、教师张洪巍著的《数学质疑式教学的研究》一书的书稿,谈一些阅读之感:

我认识康霞同学是两年前,当初我给她的关于质疑式教学研究的方向、落脚点,以及从哪些方面入手研究等建议,她都认真思考并在研究中有所体现.近两年来,康霞和导师及师兄张洪巍老师坚持到中小学课堂与有关教师及学校领导进行教学实践研究,并从理论和实践层面,收集、整理了大量的资料,经过升华、加工,形成了今天出版的著作,真是难能可贵.

该书以"启发式"教学和"系统论"的基本思想为指导,在对质疑式教学的理论探讨和教学实践检验的基础上,将质疑式教学系统分解为动力子系统、条件子系统和策略子系统,并探讨这些子系统之间的关系及数学质疑式教学的一般模式、质疑式教学下的学习模式和不同的数学课型的质疑方法,并以实践中的教学案例佐证,从操作层面上阐述了数学质疑式教学的教学设计.这本著作的问世,对提高中小学数学课堂教学质量将会起到积极的促进作用.在当前国家义务教育数学课程标准修订版发表之际,该书可作为中小学数学教师、高等学校数学专业在读学生教与学的参考资料.

我深感云南师范大学数学学院课程与教学论(数学)研究生的培养质量较高,主要表现在研究生的教育能夯实理论基础,重视实践研究,聚焦研究中心,形成办学特色.

数学作为一种文化,正在推动着人类文明的进步.相信在我国教育改革的大好形势下,随着素质教育的不断深入,云南师范大学数学学院的研究生教育,定会越办越好.

阅读之感,借以为序.

吕传汉 于贵州师范大学
2012 年 5 月

术语说明

质疑(query):质疑就是提出疑问.(见:中国社会科学院语言研究所词典编辑室.现代汉语词典[M].北京:商务印书馆,2002:1623.)

质疑式教学(questioned type teaching):是在启发式教学思想下,结合自身实际而诞生的一种教学模式.简单地说,质疑式教学就是在启发式教学思想的指导下,教师从学生已有的知识、经验和思维水平出发,创设具有"愤悱"性、层次性的问题或问题链,使之成为学生感知的思维的对象,进而使学生的心理处于一种悬而未决的求知状态和认知、情感的不平衡状态,从而启迪学生主动积极地思维,最终学会学习和思考.

启发式教学(heuristic method of teaching):教师在教学工作中,依据学习过程的客观规律,引导学生主动、积极、自觉地掌握知识的各种具体教学方法的总称.(见:中国大百科全书教育[M].北京,上海:中国大百科全书出版社,1985:180.)

情境(situation):包括具体的环境与活动.课堂教学情境由具体的课堂环境以及特定的教师和学生(包括个体与群体)共同进行的教学活动组成.(见:殷晓静.课堂教学中的动态生成性资源研究[D].上海:华东师范大学,2004:11.)

教学模式(instructional models):反应特定教学理论逻辑轮廓,为实现某种教学任务的相对稳定而具体的教学活动结构.具有假设性、近似性、操作性和整合性.(见:顾明远.教育大辞典(上)[M].上海:上海教育出版社,1997:717.)

"愤悱"(anger and grumbling):"愤"指主动积极思考问题时,有疑难而又想不通的心理状态;"悱"指经过独立思考,想表达问题而又表达不出来的困境.孔子提倡的启发式教学中,"启"意味着教师开启思路,引导学生解除疑惑;"发"意味着教师引导学生用通畅的语言表达.(见:常进荣,朱维宗,康霞.基础教育数学课程教学原理与方法[M].昆明:云南大学出版社,2012:89.)

学案(guided learning plan)是教师依据学生的认知水平和知识经验指导学生进行主动的知识构建而编写的学习方案.(见:孙小明."高中数学学案导学法"课堂教学模式的构建与实践[J].数学通讯,2001(17):6.)

案例(case)：是一个实际情境的描述，在这个情境中，包含一个或多个实际问题，同时也可能包含解决这些问题的方法.（见：金成梁.小学数学教学案例研究与基本训练[M].南京：南京大学出版社，2005：1.）

案例研究(case studies)：是结合教学实际，以典型案例为素材，并通过具体分析、解剖，促使学生进入特定的学习情景和学习过程，建立真实的学习感受和寻求解决问题的方案.（见：杨晓萍.教育科学研究方法[M].重庆：西南师范大学出版社，2006：129.）

课例(class example)：指展示的是完整的一堂课的教学、比较典型的一个教学片段，或一次教学活动，是一种教学全景实录，真实、具体、生动，没有明确的问题指向，常采用实际情景叙述、师生对话描述等列举式子形式.课例经过有目地、适当地加工后就成为案例.（见：余文森.有效教学十讲[M].上海：华东师范大学出版社，2009：244.）

文献法(literature)：文献法是对文献进行查阅、分析、整理，从而找出所研究问题本质属性的一种研究方法，主要指收集、鉴别、整理文献，并通过对文献的研究形成对研究问题的科学认识.（见：孙亚玲.教育科学研究方法[M].北京：科学出版社，2009：51.）

观察法(observation)：观察法是指研究中根据一定的研究目的、研究提纲或观察表，用自己的感官和辅助工具去直接观察被研究对象，从而获得资料的一种方法.根据不同的标准，观察法可分为不同的类型.第一，根据观察者是否使用科学仪器，可分为直接观察和间接观察.在中小学一线观课时，由于受条件的限制多采用直接观察.在条件允许的情况下也对一些课进行了录像和录音等.第二，根据观察是否直接参与观察对象的活动，可分为参与观察和非参与观察.第三，根据观察内容是否有系统设计或一定结构要求，可分为结构式观察和非结构式观察.（见：孙亚玲.教育科学研究方法[M].北京：科学出版社，2009：92.）

问卷调查法(questionnaire investigation)：问卷调查法是在教育理论的指导下，通过运用观察、列表、问卷、访谈、个案研究及测验等科学方式，收集教育问题的资料，从而对教育的现状作出科学的分析认识并提出具体工作建议的一套实践活动.区别于一般的社会调查，它是以当前教育问题为研究对象，是为了认识某种教育现象、过程或解决某个实际问题而进行的有目的、有计划的实地考察活动.它有一套研究的方法和工作的程序，有一套收集、处理资料的技术手段，并以调查报告（包括现状分析、理论结论和实际建议）作为研究成果的表现形式.对调查的事实进行分析、推理、确定事物间的一定关系、来龙去脉、当前现状，甚至可以预测其发展变化,以筹划将来的发展.(见:裴娣娜.教育科研方法导论[M].合肥:安徽教育出版社,1995:158.)

访谈法(interview):访谈法是指研究者通过与被调查者面对面进行交谈,以口头问答的形式来了解某人、某事、某种行为态度和教育现象的一种调查研究方法.访谈一般可分为个别访谈和集体访谈.(见:杨小微.教育研究方法[M].北京:人民教育出版社,2005:103.)

教学实验:(experiment of teaching):亦称"有控制的教学观察".根据一定教学研究目的,在人为控制客观对象的条件下观察教学活动的一种研究方法.(见:顾明远.教育大辞典(上)[M].上海:上海教育出版社,1997:719.)

数学教育实验的设计方法除了采取真实实验的方法外,还可采取准实验设计和非实验设计.非实验设计是一种对实验的自然描述,一般用来识别和发现自然存在的临界变量及其关系,它可以为进一步实施高层次的实验设计积累资料.使用这种实验设计时,往往不易采取随机化原则分配受试,而且也不易主动地操纵自变量和控制其他变量.(见:张洪霞.教育科学研究方法[M].北京:教育科学出版社,2009:135.)

内容分析法(content analysis method):内容分析法是指对于明显的传播内容作客观而有系统的量化,并加以描述的一种研究方法.(见:张念宏.中国教育百科全书[M].北京:海洋出版社,1991:536.)

案例研究法(case study):案例研究法指结合教学实际,以典型课例为素材,并通过具体分析、解剖,促使学生进入特定的学习情景和学习过程,建立真实的学习感受和寻求解决问题的方案.(见:杨晓萍.育科学研究方法[M].重庆:西南师范大学出版社,2006:129.)

经验总结法(experience method):经验总结法是在不受控制的自然形态下,依据教育实践所提供的事实,分析概括教育现象,使之上升到教育理论高度的一种普遍采用的有效方法.教育经验来自教育实践活动.只有认真地、科学地总结经验,并上升到教育理论的高度,才能在更广泛的范围内指导教育实践活动.马克思曾经指出:"理论的概念必须要由大规模积累的实际经验来完成".(见:李秉德.教育科学研究方法[M].北京:人民教育出版社,1989:88.)

效度(validity):是测量的准确性和有效性,也就是测量的结果与所要达到的目标两者之间相符合的程度.(见:李方.现代教育研究方法[M].广州:广东高等教育出版社,2004.5.)

信度(reliability):即可靠性,是指采用同一方法对同一对象进行调查时,问卷调查结果的稳定性、一致性,即研究能够在多大程度上可以重复.(见:袁振国.教育研究方法[M].北京:高等教育出版社,2000:8.)

卡方检验(chi-square test):利用卡方去检验显著性的方法.比如,分析比较教育实验所得结果和某种理论假设上期待结果的差异情况时,通常计算卡方值来检验这种差异的显著性.(见:姜文闵,韩宗礼.简明教育词典[M].西安:陕西人民教育出版社,1988:21.)

二次开发(re-development):是指在前人开发基础上对产品的再度发展或创新.教材的二次开发主要是指教师和学生在课程实施过程中,依据课程标准对既定的教材内容进行适度增删、调整和加工,合理选用和开发其他教学材料,从而使之更好地适应具体的教育教学情景和学生的学习需求.(见:俞红珍.论教材的"二次开发"[D].上海:华东师范大学,2006:4.)

教学策略(teaching strategics):教学系统论或教育工艺学术语之一.建立在一定理论基础之上,为实现某种教学目标而制定的教学实施总体方案.(见:顾明远.教育大辞典(上)[M].上海:上海教育出版社,1997:712.)

教学设计(instructional design):研究教学系统、教学过程,制订教学计划的系统方法.(见:顾明远.教育大辞典(上)[M].上海:上海教育出版社,1997:718.)

教学原则(teaching principle):教学工作应该遵循的基本要求.(见:王焕勋.实用教育大辞典[M].北京:北京师范大学出版社,1995:221.)

教学组织(teaching organization):教学组织即学生在教师指导下掌握课程教材的组织框架.对教学组织,可从宏观和微观两个层面加以理解:宏观层面的教学组织是教师与学生从事教学活动的一般化的、比较稳定的外部组织形式和框架,可区分为班级授课组织和个别化教学组织两类基本教学组织形式;微观层面的教学组织即比较灵活的具体教学过程的组织.(见:常进荣,朱维宗,康霞.基础教育数学课程教学原理与方法[M].昆明:云南大学出版社,2012:128.)

教学变式(variable type teaching):在教学中使学生确切掌握概念的重要方式之一.即在教学中用变更不同形式的直观材料或事例说明事物的本质属性、变换同类事物的非本质特征以突出事物本质特征.目的在于使学生了解哪些是事物的本质特征,哪些是事物的非本质特征,从而对一事物形成科学概念.(见:顾明远.教育大辞典(上)[M].上海:上海教育出版社,1997:712.)

系统方法(system approach):系统方法是指按照事物本身的系统性把对象放在系统中进行研究的一种方法.它从系统论的观点出发,坚持从整体与环境,整体与要素之间,要素与要素之间的相互联系、相互作用、相互制约的关系趋考察、研究对象,以最优化地解决问题.

耗散结构理论(theory of dissipative structure):为各种组织现象,尤其是生命现象奠定热力学和统计力学方面的物理学基础理论.比利时科学家普利高津于1969年提出,并因此获1997年诺贝尔化学奖.他的研究说明,一个开放系统,在到达远离平衡态的非线性区时,只要系统的某一参量的变化达到一定阀值,通过涨落,系统将可能发生突变,即非平衡相变,由原来无序的混乱状态转变到新的有序状态.这种有序状态需要不断与外界交换物质与能量以维持一定的稳定性.这种在远离平衡的非线性区形成的新的稳定的有序结构,称为耗散结构.这种自行产生的组织性和相干性就成为自组织现象.运用耗散结构理论,可解释自然界、人类社会组织和经济系统的许多现象,尤其是生命现象.故具有方法论的意义.(见:顾明远.教育大辞典(上)[M].上海:上海教育出版社,1997:556.)

目 录

第1章 绪 言 ……………………………………………………………（1）
　1.1 研究的背景 …………………………………………………（1）
　　1.1.1 素质教育观召唤质疑 …………………………………（1）
　　1.1.2 创新的源泉来自质疑 …………………………………（3）
　　1.1.3 数学学习观需要质疑 …………………………………（3）
　　1.1.4 数学教学观重视质疑 …………………………………（4）
　　1.1.5 课程改革的进程要求质疑 ……………………………（6）
　1.2 研究的内容 …………………………………………………（6）
　1.3 研究的意义 …………………………………………………（8）

第2章 研究设计 …………………………………………………（10）
　2.1 研究对象 ……………………………………………………（10）
　2.2 研究的计划 …………………………………………………（11）
　2.3 研究的方法 …………………………………………………（13）
　2.4 研究工具的设计 ……………………………………………（17）
　　2.4.1 调查问卷与访谈提纲的设计 …………………………（17）
　　2.4.2 课堂观测工具的设计 …………………………………（19）
　　2.4.3 学生学习自我评价表的设计 …………………………（20）
　　2.4.4 研究工具的信度和效度说明 …………………………（20）
　2.5 研究资料的搜集与整理 ……………………………………（21）
　　2.5.1 数据的搜集 ……………………………………………（22）
　　2.5.2 调查数据的整理和分析 ………………………………（22）
　2.6 研究的技术路线 ……………………………………………（24）
　2.7 研究伦理 ……………………………………………………（25）

第3章 质疑式教学研究综述 ……………………………………（26）
　3.1 核心概念界定 ………………………………………………（26）
　3.2 关于"教学模式" ……………………………………………（28）
　　3.2.1 "模式"的内涵解析 ……………………………………（29）
　　3.2.2 教学模式与教育模式的关系 …………………………（30）

  3.2.3 模式研究方法 …………………………………………（30）
  3.2.4 教学模式研究的历史 …………………………………（31）
 3.3 质疑式教学研究的概况 ………………………………………（37）
  3.3.1 质疑式教学的内涵解析 ………………………………（37）
  3.3.2 质疑式教学研究的现状综述 …………………………（42）

第4章 数学质疑式教学研究的理论基础 ………………………（53）
 4.1 质疑式教学的哲学观基础 ……………………………………（53）
  4.1.1 认识论 …………………………………………………（53）
  4.1.2 方法论 …………………………………………………（54）
  4.1.3 建构主义 ………………………………………………（55）
 4.2 质疑式教学的教学论基础 ……………………………………（58）
  4.2.1 "教学"即"教学生学" …………………………………（58）
  4.2.2 教学二重原理 …………………………………………（59）
  4.2.3 教学"交往说" …………………………………………（59）
 4.3 质疑式教学的学习论基础 ……………………………………（61）
  4.3.1 有意义学习理论 ………………………………………（61）
  4.3.2 元认知学习理论 ………………………………………（63）
  4.3.3 自我监控理论 …………………………………………（65）
  4.3.4 "最近发展区理论"与"支架理论" ……………………（66）
 4.4 质疑式教学的思维论基础 ……………………………………（69）
  4.4.1 系统思维是质疑式教学模式研究的重要工具 ………（69）
  4.4.2 "混序"思维 ……………………………………………（70）
 4.5 数学质疑式教学研究的理论评述 ……………………………（71）

第5章 数学质疑式教学研究的实践基础 ………………………（73）
 5.1 调查研究——实践依据之一 …………………………………（73）
  5.1.1 调查内容 ………………………………………………（74）
  5.1.2 对教师调查的结果和分析 ……………………………（74）
 5.2 课例研究——实践依据之二 …………………………………（82）
  5.2.1 对数学本质的认识有待提高 …………………………（82）
  5.2.2 教师的教学观急需更新 ………………………………（84）
  5.2.3 教师的数学专业基础知识需要深化 …………………（89）
 5.3 调查研究的反思 ………………………………………………（93）

第 6 章　数学质疑式教学的实验研究 ……………………………………（95）
6.1　实验目的 …………………………………………………………（95）
6.2　实验设计 …………………………………………………………（96）
6.2.1　受试对象 …………………………………………………（96）
6.2.2　设计的模式 ………………………………………………（98）
6.3　实验实施过程和采取的主要措施 ………………………………（98）
6.3.1　实验实施过程 ……………………………………………（98）
6.3.2　实验采取的主要措施 ……………………………………（99）
6.4　实验结果及分析 …………………………………………………（100）
6.4.1　数学学习成绩方面 ………………………………………（101）
6.4.2　学生的数学学习情况方面 ………………………………（104）
6.4.3　学生对实验的看法方面 …………………………………（107）
6.4.4　教师课堂教学提问能力方面 ……………………………（109）
6.4.5　实验教师对实验的看法方面 ……………………………（112）
6.5　实验反思 …………………………………………………………（115）

第 7 章　数学质疑式教学设计 …………………………………………（117）
7.1　数学教学设计的概念 ……………………………………………（117）
7.2　数学质疑式教学设计的方法 ……………………………………（118）
7.3　数学质疑式教学设计的案例研析 ………………………………（121）

第 8 章　数学质疑式教学理论的再探究 ………………………………（144）
8.1　数学质疑式教学的基本特征 ……………………………………（144）
8.2　数学质疑式教学系统的子系统分析 ……………………………（149）
8.2.1　数学质疑式教学系统的构成要素 ………………………（150）
8.2.2　数学质疑式教学的动力子系统分析 ……………………（152）
8.2.3　数学质疑式教学的条件子系统分析 ……………………（155）
8.2.4　数学质疑式教学的策略子系统分析 ……………………（169）
8.2.5　质疑式教学的各个子系统形成一定的运行模式 ………（182）
8.3　数学质疑式教学中学生学习的基本特征 ………………………（183）
8.3.1　关于学习 …………………………………………………（184）
8.3.2　关于数学学习 ……………………………………………（184）
8.3.3　质疑式教学中的数学学习 ………………………………（185）
8.4　数学质疑式教学模式的建构 ……………………………………（186）

  8.4.1 数学质疑式教学的一般模式 …………………………… (186)
  8.4.2 不同数学课型的质疑方法 …………………………… (187)
  8.4.3 质疑式教学下的学习基本模式 ……………………… (188)
第9章 结论与思考 ……………………………………………………… (190)
 9.1 研究的结论 ……………………………………………………… (190)
 9.2 研究的创新点 …………………………………………………… (193)
 9.3 研究的反思 ……………………………………………………… (194)
 9.4 可继续研究的问题 ……………………………………………… (194)
 9.5 结束语 …………………………………………………………… (196)
参考文献 ………………………………………………………………………… (197)
附录A 中学生数学学习情况问卷调查(前测) ……………………… (200)
附录B 中学生数学学习情况问卷调查(后测) ……………………… (203)
附录C 初中数学教师课堂教学基本情况调查问卷 …………………… (206)
附录D 初中数学教师对质疑式教学认识的访谈提纲 ………………… (208)
附录E 课堂教学中各种提问行为类别频次统计表 …………………… (209)
附录F 数学课堂教学听课记录表 ………………………………………… (210)
附录G 数学课堂师生互动等级量表 …………………………………… (211)
附录H 15.1.1乘方学案设计 …………………………………………… (212)
附录I 16.2.2分式的加减(一)学案设计 ……………………………… (214)
附录J 19.3梯形(2)学案设计 ………………………………………… (215)
附录K 昆明市第十九中学学生学习自我评价表 …………………… (217)
附录L 昆明市第十九中学教研活动反馈表 ………………………… (218)
后 记 …………………………………………………………………… (219)

第1章 绪 言

"向学生预示结果或解决方法都会阻碍学生努力探究,因此,应该对结果和调整迟下定论.对学生的错误不应看得过重.教师需要明白,所有有活力的思想都有一个缓慢发展的过程."

——[德]戈·海纳特

教育是一个连续的过程,因而培养创新实践型人才要从基础教育抓起.就基础教育而言,基本点应集中在如何使青少年具备21世纪所需要的"关键能力".这种"关键能力"可以比较集中概括为用新技术获取和处理信息的能力、主动探究能力、分析和解决问题的能力、合作交流能力、终身学习能力、创新能力以及质疑能力等.要培养这些能力,传统的教学方式难以胜任,必须寻找和创新教学方式、方法.

在这一章中,首先介绍研究的背景,其次阐述数学质疑式教学研究的内容和意义.

1.1 研究的背景

人生之疑,着实太多,它既可能促使人为解惑而奋发向上,又可能使人陷入困惑的泥淖无法自拔.一位数学家曾经说过:"我的生活遭遇太多的疑惑,解除这些疑惑,是我生命时钟的发条,疑惑越多,发条就越紧,我的生活就越有意义."质疑精神是新课程倡导的一个重要理念之一.在中小学数学课堂中,教师面对的是一个个鲜活的生命,一双双好奇的目光,一次次思维的碰撞.质疑是创新的原动力,而优秀的教师更应该敢于让学生生成疑惑,接受学生的质疑,精于应对质疑,善于促发质疑.

在数学课堂教学中就是要培养学生善于质疑的科学态度和质疑能力.下面从素质教育观、创新理念、学习观、教学观和课程改革的要求等五个视角来思考数学质疑式教学研究的缘由.

1.1.1 素质教育观召唤质疑

进入21世纪,世界经济呈现新的变化,经济全球化趋势持续发展,科学技术迅速发展,知识经济初见端倪,世界各国都面临着日益激烈的国际竞争和高科技的挑战,这种竞争和挑战归根结底是人才的竞争.知识创新、科技创新、产业创新成为时代的要求,创新人才和人才资源已成为各国最重要的战略资源.这些都对教育提出了挑战.

纵观各国教育的改革,都不约而同地将提高民族创新能力和培养创新型人才列入改革的重点.2000年日本提出,日本需要拥有具有以丰富的想象力、预见力为基础的,具有创造新思想和新方法的能力的人才[①].如何培养学生的创新能力成为日本新一轮课程改革的一大热点.美国新泽西州要求所有学生都具备批判性思维、决策和解决问题的技能.可见,培养学生的创新能力具有重要的时代意义.

《中共中央关于制定国民经济和社会发展第十个五年计划的建议》中指出:"继续完成工业化是我国现代化进程中的艰巨的历史任务.大力推进国民经济和社会信息化,是覆盖现代化建设全局的战略举措.以信息化带动工业化,发挥后发优势,实现社会生产力的跨越式发展."要实现这个任务,除了有重点、有选择地引进先进技术,更重要的还在于"增强自主创新能力".21世纪是竞争的年代,是崇尚创新的年代,更是需要质疑精神的年代.培养创新型人才的先决条件在于培养学生勇于向权威挑战、勇于批判、勇于反驳、勇于否定的质疑精神,对既有的学说权威的、流行的解释,不是简单地接受与信奉,而是持批判和怀疑的态度,这样才能另辟蹊径,突破传统观念,从而有所发现.

国务院总理温家宝在《百年大计教育为本》的讲话中指出,教学要"教学生学会如何学习,掌握认知的手段,而不仅在知识的本身.学生不仅要学会知识,还要学会动手,学会动脑,学会做事,学会生存,学会与别人共同生活"、"教是为了不教"、"教他们学会思考问题,然后用他们自己的创造性思维去学习,终身去学习".温家宝总理语重心长的讲话反映出中国政府对教学、对教与学关系在科技发展、创新人才培养方面的特别关注,也反映出从素质教育教学目的的视角对教学活动中教与学关系进行的重新审视.

在素质教育观下,"教学相长"突破了传统含义."教学相长"不仅针对教,也针对学,教师的教要以爱生之心、精湛的教学艺术、广博的文化素质,去熏陶、感染、激励、促进学生学习发展;而学生的学要"不唯教、不唯书、不唯众",大胆质疑,主动学习,学会学习、学会发展.从学中促进教师不断"充电",从教中促进学生各方面协调发展.可见,在素质教育观下,教与学构建的是一种相互促进的教

---

① 钟启泉.基础教育课程改革纲要(试行)解读[M].上海:华东师范大学出版社,2001:32.

学相长的新关系.

综上所述,在素质教育观下,教与学要由过去的教师讲学生听、教师念学生记、教师问学生答的单向线性的关系,转变为服务与被服务、交往互动的新关系,会教与会学的新关系,相互促进的教学相长的新关系[①].质疑式教学正是为了适应素质教育的要求,革新教学的基础上提出来的.

1.1.2 创新的源泉来自质疑

中国一直在倡导素质教育,素质教育的核心是创新教育.然而,中国内地的学生的创新能力是受到广泛质疑.2005年温家宝总理在看望著名物理学家钱学森时,钱学森院士曾发出这样的感慨:"回过头来看,这么多年培养的学生,还没有哪一个的学术成就能跟民国时期培养的大师相比."钱学森认为:"现在中国没有完全发展起来,一个重要原因是没有一所大学能够按照培养科学技术发明创造人才的模式去办学,没有自己独特的创新的东西,老是'冒'不出杰出人才."[②] 著名的物理学家杨振宁先生也曾说过:"中国学生虽普遍学习成绩出色,在数学推理和运算方面比国外的学生有明显的优势,但中国学生最大的缺憾就是不善于提出问题,缺乏创新精神."[③] 国际上一些人士也对中国培养不出创新型人才提出了一些看法.耶鲁大学校长莱文(Levin)指出,中国有足够的资源去实现世界一流大学的梦想,但其前提是,在人才培养上必须强调培养学生独立的、批判性的思维能力.牛津大学校长汉密尔顿(Hamilton)认为,中国学生缺乏创造性思维,缺乏敢于挑战权威的勇气.斯坦福大学校长汉尼斯(Hanense)认为,中国大学课程设置以讲座式为主,小组讨论的方式很少,学生不敢提问、不敢质疑[④].

质疑是创新的源泉和动力,在倡导创新教育的今天,"学贵有疑"教学思想仍是一条行之有效的教学准则.有质疑才有创新,敢于改变观念,敢于挑战权威,才能真正做到学以致用,创新的成果中闪烁着质疑精神的结晶.

1.1.3 数学学习观需要质疑

古希腊伟大的哲学家、教育家亚里士多德(Aristotle,公元前384—公元前

---

① 宋乃庆.素质教育观下的教与学[J].中国教育学刊,2009:8.
② 钱学森之问.百度百科. http://baike.baidu.com/view/2978502.htm.
③ 郝同兴.提出问题能力的培养[J].科技教育创新,2008(6):184.
④ 吕传汉.深化基础教育课程改革促进各类创新人才成长[R].昆明:云南师范大学初中数学学科"国培计划"讲座,2010,11.

322)认为:"求知是所有人的本性"①.也就说,每个学生都有求取知识的愿望,"知则不惑"②.学生对未知的世界充满了困惑,充满了好奇心,是有强烈的求知欲望的.好奇心和求知欲可以使一个人不断地学习、不断地得到发展,还可能使一个人走进科学的殿堂;反之,则会使一个人不求上进,终生碌碌无为.然而,好奇心、求知欲的驱动是需要土壤的.质疑是好奇心、求知欲驱动最好的土壤.因而,数学学习应该是学习者以其最大努力求取真理,获得知识,解除对未知领域的烦惑.

现代数学教育的学习观认为,学习是一种理性的活动,数学是理性精神的代表,因而数学学习更是一种理性的活动.数学学习的最基本的特点之一就是独立思考③.思考是需要驱动力的,而在教师和学生(师疑生)、学生和学生(生疑生)之间相互质疑的过程中,学生产生的困惑就是学生独立思考最好的催化剂.数学学习正是在学生独立思考的基础之上,通过师疑生、生疑生的活动,学习者重组知识、解释经验、发展认知的过程.苏霍姆林斯基(Cyxomjnhcknn,1918—1970)指出:"应该抱有一种强烈的愿望去学习、去认识世界,以不断丰富自己的精神世界.倘若学生只是以将来是否有用这种观点来看待知识,他就会没有激情,计较个人利益,动机不纯,甚至情操低下."④从孩提时代开始,不断地呼唤和弘扬个人自然天性中蕴藏着的探索的冲动,养成敢于质疑的个性,培养对学习的终身热爱,才是良好的学习心态.

1.1.4 数学教学观重视质疑

在传统数学课堂教学中,教师是"传道,授业,解惑",即把知识或技能传给学生.在这样的意义下,学生是被传道、被授业、被解惑的对象.这也就导致了学生不敢怀疑,也没有怀疑.但在今天的数学课堂中,教师的角色有了突破性的转变.按照美国心理学家罗杰斯(Roger,1902—1987)的话说:"教师的基本任务是允许学生学习,满足他们自己的好奇心."⑤教师应该是一个学习的促进者,促进者的任务是:提供各种学习资源,提供一种促进学习的气氛,使学生知道如何学习.下面阐述数学教学观是如何在演变中重视质疑的.

---

① 亚里士多德.形而上学[M].苗力填,译.北京:中国人民大学出版社,2003.
② 黄晓学.论"从惑到识"数学教学原理的建构[J].数学教育学报,2007;16(4).
③ 涂荣豹.数学教学认识论[M].南京:南京师范大学出版社,2003;20.
④ 涂荣豹.数学教学认识论[M].南京:南京师范大学出版社,2003;21.
⑤ 施良方.学习论[M].北京:人民教育出版社,1994;391.

(1) 教师乃权威

20世纪80年代以前,中国内地受传统教学观的影响,教师在教学活动中扮演着主导者的角色,是权威代表,是课堂教学的中心.这样的教学观就决定了教师在课堂教学中不重视学生质疑能力的培养,以至于学生对教师的教学是"尽信"的.下面是一个生物课的小案例,但它充分揭示了中国传统教学中教师的权威作用,及学生质疑能力薄弱的现象.

【案例】 神奇的动物[①]

一位生物老师在第一节课里,创设问题情境:将一根动物的尸骨在教室里给学生传看,并说:"这是已经绝种并未留下任何研究线索的动物,它有各种惊人的能力,如夜里行走如飞、视力极好等."(学生听得很认真)

下课前进行了测试,学生都按照老师介绍的做了回答.可是结果所有的试卷均不及格.理由很简单,这位老师说,他所讲的全是假的,那根尸骨也是一个普通动物的尸骨.他很遗憾,他已经告诉学生这种动物未留下任何研究线索,但竟然没有一个学生提出质疑,把老师的话当成了经典.他说他这么做的目的是希望学生能够在以后的学习中养成一种质疑的态度,能够用自己的头脑思考所学的知识.

【评析】 读完这个案例之后,一方面很敬佩这位老师煞费苦心的教学态度,另一方面又对这种现象陷入了沉思.学生们认为教师就是权威,教师讲的都是正确的,对教师讲解的内容从不质疑.久而久之,课堂完全由教师主宰,学生的好奇心被泯灭,课堂失去了活力.

(2) 素质教育提倡质疑

1999年,《中共中央国务院关于深化教育改革全面推进素质教育的决定》明确指出:"实施素质教育,就是全面贯彻党的教育方针,以提高国民素质为根本宗旨,以培养学生的创新精神和实践能力为重点……".要培养学生的创新能力,首先要培养学生的创新思维,"疑是思之始,学之端",因此,培养学生的问题意识和质疑能力是培养学生创新能力的前提.有研究者也指出,质疑是创新的前奏,是课堂实现自主创新性学习的重要策略[②].从20世纪90年代开始,素质教育就提倡培养学生的质疑能力.数学教学观从教师权威转向了师生参与,学生开始对教师可以进行质疑了.

---

① 汤金娥.让质疑精神常在——谈小学生批判思维的培养[J].南昌:江西教育期刊社,2001(11):51.
② 郑丽琴.问题意识与质疑能力的培养[J].贵阳:贵州教育报刊社,2004(12):39.

1.1.5 课程改革的进程要求质疑

2001年6月教育部颁布了《基础教育课程改革纲要(试行)》,由此拉开了共和国历史上第八次课程改革的帷幕.同年,《义务教育阶段数学课程标准(实验)》由北京师范大学出版社出版,它对"质疑"提出了明确的要求.

《义务教育阶段数学课程标准(实验)》在论及课程的总目标时写道:"通过义务教育阶段的数学学习,学生能够具有初步的创新精神和实践能力,在情感态度和一般能力方面都得到充分的发展."[①] 在关于"情感与态度"目标中提出,(使学生)形成实事求是的态度以及进行质疑和独立思考的习惯[②].这一理念要求教师在教学过程中要处理好传授知识与培养能力的关系,注重培养学生的独立性和自主性,引导学生质疑、调查、探究,在实践中学习,使学习成为在教师指导下主动地、富有个性的过程[③].

2011年颁布的《义务教育数学课程标准(2011版)》已由北京师范大学出版社出版.在论及课程总目标时,在"情感与态度"目标中指出:"养成认真勤奋、独立思考、合作交流、反思质疑的习惯".可见,随着第八次基础教育课程改革的深入,"质疑"受到越来越多的专家、学者的认同.

总之,在素质教育的背景下,为培养学生的创新意识和会学习的能力,基于当前中小学学校的校情,必须寻找一种适合自身发展的教学方式和方法.新课程理念下的课堂教学应该关注生长、成长的整个生命,要构建充满生命力的课堂教学运行体系.而具有质疑性的课堂才更具有生命的气息,更能发挥学生的主体地位,满足学生的求知欲、探求知识的欲望,使学生达到爱学、学会、会学三个层次.

1.2 研究的内容

在确立研究的具体内容之前,需要先弄清质疑、质疑式教学的含义.其次,要对

---

① 中华人民共和国教育部制定.全日制义务教育数学课程标准(实验稿)[M].北京:北京师范大学出版社,2001;6.
② 中华人民共和国教育部制定.全日制义务教育数学课程标准(实验稿)[M].北京:北京师范大学出版社,2001;7.
③ 教育部基础教育司数学课程标准研制者.全日制义务教育数学课程标准(实验)解读[M].北京:北京师范大学出版社,2008;5.

质疑式教学过程的各要素进行逻辑的分析,以保证研究内容的可靠性.

质疑(query)就是提出疑问①.北宋哲学家张载曾说:"在可疑而不疑者,不曾学,学则须疑"②.质疑,就是发问,向未知领域发出探求新知的疑问.在教育领域中,《教育大辞典》中将"质疑"定义为:学生在课内外向教师提出学习中的疑难问题,要求解答或解释.教育心理学表明:质疑是指问题成为学生感知和思维的对象,从而在学生心里造成一种悬而未决的求知状态.质疑可以使学生的思维活跃起来,改变在学习中的被动地位,使他们激起探求新知的欲望,迸发创造性思维的火花.该项研究中认为"质疑"是指:学生依据事实和自己所掌握的知识提出学习中的疑难问题或对某一既定结论重新思考,提出自己的新观点.

质疑式教学(questioned type teaching)是在启发式教学思想下,结合自身实际而诞生的一种教学模式.简单地说,质疑式教学就是在启发式教学思想的指导下,教师从学生已有的知识、经验和思维水平出发,创设具有"愤悱"性、层次性的问题或问题链,使之成为学生感知的思维的对象,进而使学生的心理处于一种悬而未决的求知状态和认知、情感的不平衡状态,从而启迪学生主动积极地思维,最终学会学习和思考.

基于两个核心概念内涵的分析,宏观上来说,一个完整的质疑式教学过程(见图1.1)是设疑、导疑、释疑、反思四个要素循环往复、持续不断的动态变化过程.

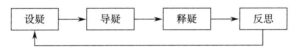

图1.1　质疑式教学过程图

设疑是导疑的基础,释疑是导疑的发展,释疑的结果是一种认知发展;反思是教学的升华,也是设疑的新起点.设疑到释疑是学生学会学习的基础,也是教师教学智慧的体现过程;反思到设疑是教师专业化发展的实践过程.在质疑式教学中,通过设疑、导疑、释疑,让学生处于教师激发形成的"思维场"中探究问题.

结合研究背景和上述对质疑式教学过程的宏观分析,下面分别介绍研究的内容和意义.

基于对核心概念的界定和对质疑式教学过程中各个要素的分析,此项研究将试图完成以下几方面的工作:探究数学质疑式教学的内涵,分析初中数学质疑式教

---

① 中国社会科学院语言研究所词典编辑室.现代汉语词典[M].北京:商务印书馆,2005.
② 刘丽丽.对课堂教学中质疑的理解性解读[J].呼和浩特:内蒙古教育,2008(4).

学的现状表现;利用非标准实验设计①的方法开展质疑式教学实验,在实验过程中结合教育哲学、教学论、学习论、思维论以及系统论的基本原理,探讨数学质疑式教学的过程结构和特征,质疑式教学系统的动力、条件、策略子系统等问题,以及质疑式教学设计,并最终初步构建出质疑式教学的基本模式.

该项研究的具体内容有五项:

(1)提出问题.从素质教育的理念出发,通过文献分析、经验总结,提出在数学课堂教学中运用质疑式教学的方法,以更好地贯彻启发式教学原则,以此培养学生的问题意识和合作交流、终生学习的能力.

(2)调查研究.对昆明市第十九中学的教师教学和学生学习基本情况的调查,辅之以课堂观察和录像分析.目的是通过昆明市第十九中学课堂教学的基本情况去了解当前基础教育课程改革的一些现状,以找到教学问题的关键所在.

(3)问题分析.针对调查中存在的问题和课堂观察的分析,结合案例分析,进行质疑式教学理论基础和实践基础的探讨.

(4)实验检验.将设计出的质疑式教学的基本模式和促进初中学生数学课堂质疑的策略应用于昆明市第十九中学的课堂教学中,以获得对研究效果的检验.

(5)理论深化.就数学质疑式教学系统做进一步的探究,探讨数学质疑式教学中学生学习的特点、质疑式教学设计,最终建构出质疑式教学的基本模式和质疑式教学下的学习基本模式.

这五项研究内容是相互依赖、逐级递进的.首先,在文献研究的基础上,通过归纳、演绎等方法获得关于数学质疑式内涵的一般认识;然后再通过问卷调查、课堂观察和访谈等手段了解初中教师们在课堂上培养学生质疑能力的一些认识和做法,课前质疑的基本情况,课中的设疑、导疑、释疑的基本情况,以及课后的反思情况;然后在此基础上,分析已有的质疑式教学理论、质疑式提示语的类型、促进初中数学课堂有效质疑的策略和质疑式教学模式的建构;最后把建构的质疑式教学模式应用于昆明市第十九中学的课堂中,检验模式、策略的有效性.

1.3 研究的意义

在第八次基础教育数学新课程改革背景下,对数学课堂质疑式教学进行研究

---

① 一般教育实验设计分为"标准性实验设计"(设立实验组和对照组的实验设计)和"非标准性实验设计"(不设立对照组的实验设计),关于非标准性实验设计的方法将在第6章中讨论.

还是一个有待深入、值得研究的课题.研究这个课题,不仅对于明晰质疑式教学的内涵和理念、有效培养学生的数学质疑能力和充实"数学质疑式教学"的理论具有重要的理论意义,而且对数学教育实践也有重要的实践意义.具体说来,可以表现在以下两方面:

(1)理论意义

对中小学质疑式教学的研究有利于充实"中小学数学教学"的基本理论.目前国内对于中小学数学质疑式教学的理论和实验研究比较罕见,更多的是从教师教的方面用经验话语的形式,对质疑式教学进行一些初步的、零散的概括.特别是已有研究没有给出数学质疑式教学鲜明的学科特征和学段特点;对于质疑式教学的流程、模式的教学理论缺少研究,对如何培养中小学学生质疑能力的策略研究也不深入.该项研究力求在这些方面弥补已有研究的空白.

(2)实践意义

对数学质疑式教学的研究能指导中小学数学课堂教学的开展,也能对教师如何开展教育科学研究起到一定的指导作用.同时,关于培养学生质疑能力的教学策略的研究,也有助于指导教师们在教学过程中运用这些策略培养中小学生的质疑能力.

数学质疑式教学研究是在深化第八次基础教育课程改革的背景下提出来的,目的是在课堂教学中落实数学新课程的理念,培养学生的质疑精神和能力.第八次基础教育课程改革的实施是为了落实和推进素质教育,在素质教育观下教与学的方式要发生根本的转变,需要寻找一种适合培养学生创新意识的教学方式和方法.而具有质疑性的课堂在一定层面上能体现素质教育的本质.

第 2 章 研究设计

凡事预则立,不预则废.

——《礼记·中庸》

研究设计是对教育研究活动全过程的设计,即对教育研究全过程做完整而详尽的规划.研究设计是确保教育研究质量的关键环节[①].

这一章将介绍这项研究的设计.首先确定研究的对象、提出研究的计划、根据研究的需要给出研究方法的概述,介绍研究工具的设计和信度、效度的说明,在此基础上确定出研究的技术路线.研究理论是教育研究中不可回避的问题,在研究设计中也对这项研究的理论予以说明.

2.1 研究对象

该项研究在中学和小学同时开展,因而,研究对象分为初中组和小学组.由于研究条件的限制,调查和实验主要在初中组进行,小学组开展一些质疑式的教学研讨课.

1. 问卷调查对象

下面首先简要介绍昆明市第十九中学的基本情况,然后说明研究样本的选取方法.

(1)研究区域概况

昆明市第十九中学,位于昆明市西山区马街中路 44 号(昆明市主城区西部),学校建立于 1958 年 9 月 10 日,至今已有 50 余年的历史.目前学校定位为云南省二级二等学校.2012 年,学校现有教学班 26 个,在校学生人数为 1 203 人.

(2)调查样本的选取

调查涉及对教师和学生的调查,限于研究者的个人条件,同时考虑样本的代表性,调查样本对象的选取主要有三类:一是由于昆明市第十九中学数学教师只有

---

① 金哲华,俞爱宗.教育科学研究方法[M].北京:科学出版社,2011:34.

15位,样本数量比较小,会影响到调查的信度和效度,故除对昆明市第十九中学的全体数学教师进行问卷调查外,还选取了参加2011年"云南省省级骨干教师"培训的数学教师和2011年"中西部农村骨干教师培训——顶岗置换项目"培训的教师.对他们中的一部分人进行访谈,其余人进行问卷调查.二是对昆明市第十九中学的数学教师进行课堂观察、听课.三是对昆明市第十九中学的2012届、2013届学生进行问卷调查,从2010年2月至2011年6月每周到昆明市第十九中学开展调查、访谈、观课,参与教研活动.

2. 访谈对象

为深入了解教师们对开展质疑式教学的看法和当前课堂教学的基本情况,从参加"云南省省级骨干教师培训"的数学教师中随机抽取5名教师,从昆明市第十九中学数学教师中随机抽取5名教师作为访谈的对象.这是由于参加"云南省省级骨干教师培训"的数学教师来自云南省的各个州市,能充分地反映当前初中数学课堂教学的基本情况.而由于条件的限制,数学质疑式教学的实验将在昆明市第十九中学开展,因而,对昆明市第十九中学教师进行访谈是非常有必要的.

3. 研课对象

为从当前课堂教学中,汲取对数学质疑式教学开展有益的经验和教训,课题组长期深入中小学一线观课、研课,但观课、研课的对象也是有所选择的.

对初中组的观课、研课主要是在昆明市5所中学开展的.其中,2所云南省水平较高的初级中学:云南大学附属中学和云南师范大学附属实验中学;2所云南省一级完全中学:昆明市第十中学和昆明市第二中学;1所云南省二级中学:昆明市第十九中学.

对小学组的观课、研课主要与昆明市景海莲名师工作室合作.工作室的老师主要来自昆明市西山区的25所小学(示范小学、农村小学、处于城郊结合部的小学都有),这些学校各有特色,因而选择其作为观课、研课对象.

2.2　研究的计划

整个研究计划分五个阶段进行:

第一阶段(2011年1月~2011年4月)为准备阶段:包括研究问题的确定,成立课题组(课题组分为专家指导小组和实验小组),研究方案的初步确立,文献资料的收集与分析,为研究作前期准备工作.具体地说,要做以下的工作:

(1)2011年1月课题组到昆明市第十九中学调研,了解情况,初步制定研究的目的和范围.

(2)2011年2月课题组第二次到昆明市第十九中学进行调研,对数学教师进行了一些前期访谈,以获得宝贵的第一手资料.

(3)2011年4月邀请贵州师范大学吕传汉教授亲临昆明指导,并与课题组一道对质疑式教学的研究方案做进一步的规划.

(4)搜集、查阅有关质疑、质疑能力、质疑教学、质疑策略和数学质疑教学的相关研究,与质疑式教学有关的硕士、博士学位论文和期刊文章,再围绕相关概念的内涵入手,通过文献研究,分析数学质疑教学的基本内涵.

第二阶段(2011年4月～2011年6月)现状研究阶段:通过调查、访谈与课堂观察,了解当前数学课堂中教师们对培养学生质疑能力的教学行为的现状,以及昆明市第十九中学学生学习的基本情况.这样做的目的是希望找到研究的切入点,进一步明确研究问题的实质,完善研究方案.具体地说,第二阶段的工作主要是以下几个方面:

(1)明确研究内容和意义.

(2)确定研究方法及编制研究工具.

(3)选取研究区域.

(4)思考数据的收集、编码整理和分析方法.

(5)实施调查和课堂观察.

第三阶段(2011年6月～2011年8月)理论探讨阶段:这一阶段针对存在的问题,进行理论研究.课题组对国内外关于质疑式教学的研究进行了梳理,对典型文献进行了研读.在此基础上,进一步梳理数学质疑式教学的理论基础:从哲学观、教学论、学习论、思维论等视角来审视质疑式教学,通过大量的数学教学案例,探讨质疑式提示语的特征和分类以及促进数学课堂有效质疑的策略.

第四阶段(2011年9月～2012年1月)效果检验阶段:这一阶段的重心是将质疑式提示语、促进中小学生数学课堂有效质疑的策略和数学课堂质疑式教学模式运用于昆明市第十九中学进行实验检验.同时,课题组采用举办跨校、跨片区联动教研活动、教师培训、校本教研等形式,将构建的促进中小学数学教学有效质疑的策略运用到一线课堂,检验和修正策略.

第五阶段(2012年1月～2012年5月)总结阶段:得出研究的结论,并对其进行反思.

在整个研究过程中,注意原始资料的搜集、整理与分析,并将五个阶段的研究整合并形成研究成果——《数学质疑式教学的研究》.

2.3 研究的方法

一般来说,方法是人们实现和达到目的的活动方式,是"路",是"桥"[①]. 所谓教育研究方法,是指按照某种途径,有组织、有计划、系统地进行教育研究和构建教育理论的方式,是以教育现象为对象,以科学方法为手段,遵循一定的研究程序,以获得教育规律性知识为目标的一整套系统研究过程[②]. 该项研究采用理论研究和实践研究相结合、定性研究和定量研究相结合的基本教育研究方法. 定性研究(qualitative research)主要用文字而不是用数字来描述现象. 定性研究旨在理解、阐释所研究的现象,并不强调在开始研究时对所研究的问题有一个理论假设. 定性研究注重在互动过程中系统收集、分析原始资料的基础上展开讨论,强调研究的过程性、情境性和具体性[③]. 定量研究(quantitative research)主要用数字和变量来描述现象[④]. 这项研究中将定性研究和定量研究结合起来,具体的研究方法为:

(1) 文献法(literature):文献法是对文献进行查阅、分析、整理,从而找出所研究问题本质属性的一种研究方法,主要指收集、鉴别、整理文献,并通过对文献的研究形成对研究问题的科学认识[⑤].

该项研究就是从文献研究开始的. 首先,搜集了国内外的有关质疑式教学文献,采用先分析后综合的方法对研究观点进行分类,并在此基础上做出比较和判断;其次,挖掘与提炼一些主要结论,概括与总结重要的观点;最后,围绕研究主题提出新论点,并借助搜集到的事实论据和理论论据进行论证.

(2) 观察法(observation):观察法是指研究中根据一定的研究目的、研究提纲或观察表,用自己的感官和辅助工具去直接观察被研究对象,从而获得资料的一种方法[⑥]. 根据不同的标准,观察法可分为不同的类型. 第一,根据观察者是否使用科学仪器,可分为直接观察和间接观察. 在中小学一线观课时,由于受条件的限制多采用直接观察. 在条件允许的情况下,也对一些课进行了录像和录音等. 第二,根据观察是否直接参与观察对象的活动,可分为参与观察和非参与观察. 第三,根据观察内容是否有系统设计或一定结构要求,可分为结构式观察和非结构式观察.

---

① 张镇寰. 自然辩证法概论[M]. 昆明:云南大学出版社,2010:123.
② 华国栋. 教育科研方法[M]. 南京:南京大学出版社,2000:13.
③ 温忠麟. 教育研究方法基础[M]. 北京:高等教育出版社,2009:11.
④ 温忠麟. 教育研究方法基础[M]. 北京:高等教育出版社,2009:12.
⑤ 孙亚玲. 教育科学研究方法[M]. 北京:科学出版社,2009:51.
⑥ 孙亚玲. 教育科学研究方法[M]. 北京:科学出版社,2009:92.

该项研究中将使用直接观察法和间接观察法,以获得所需要的研究的第一手资料.为了能较客观、公正地观察课堂,研究中将更多地采用非参与观察,但也不妨有参与观察.在观察教师课堂教学的情况和学生学习的情况时,为获得大量、准确、翔实的材料,事先就将设计好观察的内容和项目,印制好观察表格,在观察过程中严格按设计要求进行观察和记录.对有些需要了解课堂的真实情况、学生的活跃程度的课,采用非结构式观察.

(3)问卷调查法(questionnaire investigation):问卷调查法是在教育理论的指导下,通过运用观察、列表、问卷、访谈、个案研究及测验等科学方式,收集教育问题的资料,从而对教育的现状作出科学的分析认识并提出具体工作建议的一套实践活动.区别于一般的社会调查,它是以当前教育问题为研究对象,是为了认识某种教育现象、过程或解决某个实际问题而进行的有目的、有计划的实地考察活动.它有一套研究的方法和工作的程序,有一套收集、处理资料的技术手段,并以调查报告(包括现状分析、理论结论和实际建议)作为研究成果的表现形式[1].对调查的事实进行分析、推理,确定事物间的一定关系、来龙去脉、当前现状,甚至可以预测其发展变化,以筹划将来的发展.

在该项研究中,为了解目前初中数学教师课堂教学的现状,对培养学生质疑能力的做法、策略以及对教给学生质疑,学会学习的方法的现状,对昆明市第十九中学的全体数学教师、2011年(上半年)云南省初中数学骨干教师[2]、2011年教育部、财政部国培计划——中西部农村骨干教师[3]将发放《初中数学教师课堂教学基本情况》的调查问卷进行问卷调查.为了解昆明市第十九中学学生对数学学习的兴趣、数学学习的态度等情况,发放了《中学生数学学习基本情况问卷调查》的问卷.希望能收集到大量的具体资料供研究用.

(4)访谈法(interview):访谈法是指研究者通过与被调查者面对面进行交谈,以口头问答的形式来了解某人、某事、某种行为态度和教育现象的一种调查研究方法[4].访谈一般可分为个别访谈和集体访谈.

该项研究中,考虑到问卷调查存在盲点,为了更深入地了解数学教师们对实施初中数学质疑式教学的看法,挖掘教师们实施初中数学质疑式教学好的做法,对研究对象进行了结构性和非结构性访谈,编制《初中数学教师对质疑教学认识的访谈提纲》.研究中的访谈一是与被访谈者做面对面的直接交流;二是在某些情况下通

---

[1] 裴娣娜.教育科研方法导论[M].合肥:安徽教育出版社,1995:158.
[2] 后面简称:2011年上半年"省培".
[3] 后面简称:2011年"国培计划".
[4] 杨小微.教育研究方法[M].北京:人民教育出版社,2005:103.

过电话和上网进行间接交流.直接交流的好处是被访者常常有自发性反应,这样回答比较真实和可靠,很少有掩饰或作假;对于一些需要从更深层面上了解的内容,或者需要被访者深入反思的问题,则采用间接交流.特别是,被访者对某些课的教学设计反思多用间接交流.

(5)实验法(experimental method):在控制情境下,操纵一种变量,观察另一种变量,从而发现其因果关系以验证预定假设的研究方法[①]. 一般说来,观察和实验是获取科学事实的基本方法[②]. 数学教育的研究方法除了采取真实实验[③]研究外,还可采取准实验设计[④]和非实验设计.非实验设计是一种对实验的自然描述,一般用来识别和发现自然存在的临界变量及其关系,它可以为进一步实施高层次的实验设计积累资料.使用这种实验设计时,往往不易采取随机化原则分配受试,而且也不易主动地操纵自变量和控制其他变量[⑤].

在该项研究中,考虑到质疑式教学实验是对所有年级、所有班级、所有执教教师同时开展的教育实验,无法设立以随机化为原则进行的抽样和分组.同时,由于数学、语文、外语、物理、化学、生物、历史、地理等科目都进行这种实验,不易主动操纵实验自变量和控制其他变量.因此,课题组在对实验目的、对象、要求、环境综合考虑后,决定采用"非实验设计"的方法进行实验设计.具体地说,在实验开展前先探讨促进数学课堂质疑的策略,思考数学质疑式教学的实施方式,通过组织研究课的方式,在教学设计和教学实施中,一方面检验已有的数学课堂质疑的策略和实施方式,另一反面,在研课的基础上,进一步丰富和发展已有的数学质疑式教学的策略和实施方式,在条件成熟时做进一步推广.在实验开展期间,课题组每周都要组织数学质疑式教学研究课,课题组对每节研究课都要进行录像和视频分析,从中发现问题、解决问题、规范教学行为,以保证实验的有序进行.非实验设计可以检验数学质疑式教学策略和教学实施方式的有效性,并对这项研究提供有力的支撑和保障.

(6)内容分析法(content analysis method):内容分析法是指对于明显的传播内容做客观而有系统的量化,并加以描述的一种研究方法[⑥].

---

① 顾明远.教育大辞典(下)[M].上海:上海教育出版社,1998:1415.
② 张镇寰.自然辩证法概论[M].昆明:云南大学出版社,2010:119.
③ "真实实验"又叫"随机实验",是一种有实验组与控制组的教育实验,真实实验往往具有较高的内在效度,以发现具有普遍意义的因果关系为目的.(见:张红霞.教育科学研究方法[M].北京:教育科学出版社,2009:135.)
④ 准实验设计是指在难以随机分组的情况下,或者为了提高实验情境与实际情境的相似性,运用原始群体进行实验处理的研究方法.(见:张红霞.教育科学研究方法[M].北京:教育科学出版社,2009:136.)
⑤ 张君达,郭春彦.数学教学实验设计[M].上海:上海教育出版社,1994:107.
⑥ 张念宏.中国教育百科全书[M].北京:海洋出版社,1991:536.

此项研究在课堂观察的基础上,选取部分典型案例,借助"课堂教学中各种提问行为类别频次统计表"等工具,运用内容抽样、归纳、描述的方法对这些课例进行分析和整理,最后有针对性地提出数学质疑式教学的实施新建议.

(7)案例研究法(case study):案例研究法是指结合教学实际,以典型课例为素材,并通过具体分析、解剖,促使学生进入特定的学习情景和学习过程,建立真实的学习感受和寻求解决问题的方案[①].

此项研究中,课题组深入初中数学课堂(主要集中在昆明市第十九中学和昆明市一些中小学),观察教学,部分课例用摄像机全程摄像,并根据录像逐一整理成电子文本,结合录像和文本进行初步分析.听课后再倾听任课教师的教学构想,并根据教师的说课、教学反思和观课记录进行整理与分析.

(8)经验总结法(experience method):经验总结法是指在不受控制的自然形态下,依据教育实践所提供的事实,分析概括教育现象,使之上升到教育理论高度的一种普遍采用的有效方法[②].教育经验来自教育实践活动.只有认真地、科学地总结经验,并上升到教育理论的高度,才能在更广泛的范围内指导教育实践活动.马克思曾经指出:"理论的概念必须要由大规模积累的实际经验来完成"[③].

进行此项研究时,将深入了解和分析昆明市第十九中学优良的教学传统和优秀的教学方法.为此,将深入学校观课、研课,对一线教师进行访谈、调查,同时也对学生进行调查,收集丰富的事实资料进行分析、整合.此外,课题组也将深入昆明市其他中小学,进行观课和研课;组织2011年"国培计划"学员和2011年上半年"省培"学员进行教学经验交流和挖掘.这样做的目的是希望积累丰富的实践经验,特别是昆明市第十九中学的教学经验,在此基础上结合理论探讨和教学实验,总结出关于数学质疑式教学的新的研究成果.

该项研究主要以上述8种教育研究方法为主,文献法的作用是梳理和总结已有的数学质疑式教学的策略和实施方式;问卷调查法和访谈法的作用是了解学生的学习情况和教师的教学状况,做出客观分析后,制定教学实验的措施和步骤;实验法的作用是检验数学质疑式教学实施策略和实施方法的效果,在实验中进一步修改和完善这些策略和方法,并在条件成熟的时候进行推广.在这项研究中,实验将与观察法联合运用,以获取研究的效率;内容分析法、案例研究法、经验总结法的作用是在实验检验的基础上,对数学质疑式教学的理论、策略和实施方法进一步凝

---

① 杨晓萍.教育科学研究方法[M].重庆:西南师范大学出版社,2006:129.
② 李秉德.教育科学研究方法[M].北京:人民教育出版社,1989:87.
③ 李秉德.教育科学研究方法[M].北京:人民教育出版社,1989:88.

练,初步构建出数学质疑式教学的基本模式.

每一教育科学研究方法都有其优点和局限性,关键在于根据所研究问题的需要,灵活选择并合理运用各种方法.

2.4 研究工具的设计

研究工具的选取是基于研究目的的需要.问卷调查"适合在宏观层面大面积地对社会现象进行统计调查……",但是它"只能对事物的一些比较表面的、可以量化的部分进行测量,不能获得细节的内容"[①].所以,在研究中采用问卷调查的同时,结合了访谈和课堂观察的方法,这是常用的量的研究与质的研究相结合的研究方法.

根据研究的需要,这项研究中使用的研究工具有"中学生数学学习情况问卷调查表"、"初中数学教师基本情况调查问卷"、"数学教师对质疑式教学认识的访谈提纲"、"课堂教学中各种提问行为类别频次统计表"、"数学课堂教学听课记录表"、"数学课堂师生互动等级量表"、"学生学习自我评价表"、"教研活动反馈表"等(见附录).下面对研究工具的设计和研究的信度、效度进行必要的说明.

2.4.1 调查问卷与访谈提纲的设计

下面对调查问卷与访谈提纲的设计做一个简要的阐述.

1. 调查问卷的设计

"中学生数学学习情况问卷调查表"分为前测和后测.该问卷设计时,主要参考了韩龙淑博士的"中学生数学学习情况问卷调查"[②],在此基础上结合该研究的实际需要修改得到.问卷分为三个部分:第一部分是性别、年龄和年级等基本情况;第二部分主要是对数学的看法,有 27 道题目,涉及学生对数学、数学学习态度等的看法;第三部分是学生对数学教学和学习的看法.

"初中数学教师课堂教学基本情况调查问卷"是自编问卷,在问卷编制时,参考了天津师范大学王蕾硕士的"小学数学问题提出的调查表"[③],结合研究的需要,先设计出调查表的初稿,然后听取初中教研员(主要是昆明市盘龙区教科所、五华区教科所的初中数学教研员)对这个问卷的意见,并根据经验判断问卷的内容和形式是否合适,并在小范围内进行了试调查,通过试调查,删除了一些语意不详或者目

---

① 陈向明.质的研究方法与社会科学研究[M].北京:教育科学出版社,2001:472.
② 韩龙淑.数学启发式教学研究[D].南京:南京师范大学,2007:222-223.
③ 王蕾.天津市区小学高年级数学问题提出教学的实证研究[D].天津:天津师范大学,2009:68-69.

的不明或者针对性不强的问项,以此保证问卷题目的内容关联效度.之后,在云南省 2010 年"中西部农村骨干教师——国培计划"项目和云南师范大学 2010 级农村教育硕士中再次进行试调查,再次修改,对调查项进行了微调,对问卷做了进一步修改,以保证问卷的信度和效度.

"初中数学教师课堂教学基本情况的调查问卷"主要分为三部分:

第一部分是任教年级、教龄、职称、学历、性别、学校所在地等基本情况.

第二部分为问卷说明部分,主要是对调查问卷的说明以及如何填写问卷进行指导.

第三部分是调查的内容.这份问卷,根据不同问题的具体特点,调查内容的设置采用了封闭式、半封闭和开放式3种题型.问卷共有15道题,主要围绕以下两类指标进行设计:第一类,教师对进行课堂改革、培养学生质疑能力的基本认识,包括对质疑的态度、作用等;第二类,教师初中数学课堂质疑教学资源的开发状况,包括教学方法、质疑观等.问卷的最后两道题是开放型问答题,要求教师写出自己的教学体验——如何设置课堂教学环节来培养学生的质疑精神和认为实施教学改革最大的困难是什么.目的是了解小学数学教师对实施教学实验改革困惑的因素.

2. 访谈提纲的设计

课题组两次到昆明市第十九中学进行前期调研,已经初步了解到教师对质疑式教学的认识.为了定性研究的需要,课题组编订了"数学教师对质疑式教学认识的访谈提纲".

教师访谈主要是采取交流、对话的形式进行.陈向明教授认为,作为研究性交谈的访谈是"研究者通过口头谈话的方式从被研究者那里收集(或者说'建构')第一手资料的一种研究方法[①]".访谈提纲问题的设计是半开放式的,这主要是基于以下缘由的考虑:一是相对比较开放的问题设计,才能使教师抓住平时想交流而没有交流倾诉,现在有机会表述出来,能够一吐为快的机会,教师有可能写出他们真正的收获和体会,这样写出的文字才能让他人真实了解到教师对质疑的真情实感,具有什么样的个性看法;二是开放不是放开,这里的开放是围绕现状研究目的的设计,如果完全放开,教师写出来的东西可能就不是研究者想要研究的东西.所以,在相对开放式的设计前提下,在访谈提纲前面围绕研究的主题作一些名词解释和说明,在研究的实施中给教师一些提示或者交流,这样才能做到既不限制教师思维,又能打开教师的思路,得到研究需要的材料.

---

① 陈向明.质的研究方法与社会科学研究[M].北京:教育科学出版社,2000:171-172.

研究中,采用集体访谈与个别访谈相结合的形式.集体访谈时,采用结构型和半结构型相结合访谈的方式,主要围绕访谈提纲对教师进行了访谈,了解他们对质疑的基本看法、课前质疑的准备情况等.个别访谈时,重点选择访谈授课教师,这样既可深入了解他们在设计一节课时的思路、意图,也能深度探寻观课中产生的疑惑的答案,如"您今天这样处理的理由是什么? 为了让学生更好地理解这节的知识,您认为在课前还应从哪些方面作准备?"等.个别访谈的目的主要是为了更深入地了解教师面对教学生成表现出的"真实行为"以及背后的"隐情",同时有助于通过课堂观察去看这些"应对行为"是否具有普遍性、经常性,以判断教师对教学生成的应对水平.个别访谈有时还采用电话访谈和网络访谈的形式进行.

总之,通过访谈希望能够更深入地了解教师对质疑式教学的一些已有做法、开展质疑式教学最大的顾虑等.

2.4.2 课堂观测工具的设计

除调查与访谈外,课堂观察也是这项研究中很重要的研究方法.课堂观察法是指研究者或观察者带着明确的目的,凭借自身感官(如眼、耳等)及有关辅助工具(观察表、录音录像设备等),直接或间接(主要是直接)从课堂情境中收集资料,并依据资料做相应研究的一种教育科学研究方法[1].通过对课堂观察的分析,一方面可以了解课堂教学中教与学的现状,发现问题;另一方面可以检测将要进行的教学实验策略的有效性.

研究中将使用的课堂观察表主要有:"课堂教学中各种提问行为类别频次统计表"、"数学课堂教学听课记录表"和"数学课堂师生互动等级量表".这三份研究工具分别是在已有的"各种提问行为类别频次统计表"[2]、"数学课堂教学听课记录表"[3]和"师生互动等级量表"[4]的基础上修改而成.

在"初中数学课堂教学中各种提问行为类别频次统计表"中,将提问的类型分为:常规管理性问题、记忆性问题、推理性问题、创造性问题和批判性问题.使用这个统计表,观察的要点是:教师挑选学生回答问题的方式、教师解答的方式、学生回答的类型以及提问中的停顿时间.为统计简便起见,观察者在观察时,采用画"正"

---

[1] 陈瑶.课堂观察指导[M].北京:教育科学出版社,2002:2.
[2] 顾泠沅,易凌峰,聂必凯.寻找中间地带[M].上海:上海教育出版社,2003:8-9.
[3] 朱维宗,唐海军,张洪巍.聚焦数学教育——小学数学课堂教学生成的研究[M].哈尔滨:哈尔滨工业大学出版社,2011:198.
[4] 新思考远程研修平台网.(2007-12-15)[2010-3-27].http://acad.cersp.com/article/2238694.dhtml.

字的方法统计各种提问行为的类别频次.

"数学课堂教学听课记录表"在设计上着重考虑如何客观地记录师生在教学过程中的活动情况.该表将教学活动分为全班统一活动、个人自主活动、分组活动、个别学生面向全体学生问答或向全班演示以及师生个别对话的次数等内容,使用时观测者采用画"正"字的方法统计各种活动形式的频次.

在"数学课堂师生互动等级量表"中,将互动类型分为:师生互动、生生互动、师班互动等三类.观测的要点是:教师对互动过程的推进,分为以问题推动互动、以评价推动互动、以非语言推动互动等三个层次,并对互动的形式、时间、调控、管理等在观课时进行效果评价.

2.4.3　学生学习自我评价表的设计

改进教学的目的是促进学生的学习.为了增进质疑式教学改革的实施效果,课题组在进行教学实验中,非常重视学生学习的自我监控.在进行数学质疑式教学实验中,对七年级的学生而言,最重要的是培养他们的学习习惯,培养他们学会学习的能力.研究工具"昆明市第十九中学学生学习自我评价表"[①]对学生自我评价的要点是:让他们学会对自己一周的预习情况、听课情况和作业反思情况进行监控和评价.这里的评价有自我评价和组长评价,目的是使自我评价与他人评价有机地结合起来,更好地展现每个学生一周内的实际情况,以方便实验教师及时了解学生的学习状况.

此外,为了更好地开展研究,课题组还设计了"昆明市第十九中学教研活动反馈表".该反馈表关注的是让参加教研活动的教师描述教研活动中最值得称赞的内容、最需要改进的问题、最能引发思考的环节.在每个月对活动反馈表进行统计后,再设计下一次的教研活动.

2.4.4　研究工具的信度和效度说明

此项研究中研究工具的信度和效度的保证问题,在具体的研究设计和实施过程中,主要是通过以下一些措施来提高研究效度的:

一是通过预研究进一步明确研究问题和采用的具体方法,提高研究的效度.彭爱辉博士认为,预研究对研究计划的进一步完善和后来的正式研究起到了很重要的作用[②].在正式调查前,2010年10月对参加"中西部农村骨干教师培训——顶岗

---

① 这个表是在云南大学附属中学杨洪波老师提供的"云大附中星耀校区七年级学生数学学习自我评价表"的基础上修改而成.这里对杨洪波老师表示感谢.
② 彭爱辉.初中数学教师错误分析能力研究[D].重庆:西南大学,2007:45.

置换项目"培训的教师和昆明第十九中学2012届一个班的学生做了试调查.通过预研究对访谈的提纲、调查表和观察表进行了恰当的充实和改进,也总结了访谈与问题处理的经验.在预研究中,对访谈过程和课堂教学进行了部分录像和录音,事后将录音记录转化为了文本并做了访谈总结,这些都为后来的研究提供了很好的经验和准备,同时也提高了研究的效度.

二是通过质的研究与量的研究交叉使用的研究方法,搜集资源提高研究的效度.首先,通过量化问卷调查了解参加2010年"中西部农村骨干教师培训——顶岗置换项目"的教师对质疑能力的看法,从实践中寻找问题研究的来源.在问卷法的抽样上,选取的是有着不同水平、不同层次的学校的大部分数学教师,这样能反映教师的整体情况.其次,辅助以开放式访谈,了解教师对质疑能力培养和实施质疑式教学模式的困惑和矛盾.为了通过访谈深入了解研究对象对研究问题的看法,研究中针对研究的问题列了访谈提纲,同时,也给被访者一份,让他们更清楚访谈的问题.并且,访谈的问题大部分不是被访谈用"是"或"不是"能回答的,而是需要对一个情节、一种联系和一种解释的描述.同时对课堂教学、教研活动、学生作业、试卷还进行了摄像、照相和录音,通过教研组活动对教师的课堂教学进行了量化的评价.另外,也通过研课,并以参与讨论的方式,与教师建立良好的、彼此信任的关系来提高实验教师对研究者的信任度,以此提高研究的效度.

三是通过资料的分析和整理过程提高研究的效度.在资料分析过程中,综合运用量化统计、图表、照片、观察、访谈等研究结果来解释研究中的发现,这样也使研究的效度得到提高.另一方面,无论是在问卷的设计阶段,还是在数据的分析阶段,都请教了相关的大学教授、数学教育专家,并与部分高级教师,如吕传汉教授、黄翔教授、夏小刚教授、杜珺高级教师、李金华高级教师、孔德宏高级教师、李尧高级教师等进行了沟通和交流.这些都对研究的效度的提高有一定的促进作用.

由于研究的信度是研究的效度的必要条件,研究的效度是研究的信度的充分条件(朱德全,宋乃庆,1998),在此项研究中,基于以上对研究效度的保证,研究的信度自然也得到了保证.

2.5 研究资料的搜集与整理

下面对数据的搜集、整理与分析的过程做简要介绍.

2.5.1 数据的搜集

研究中数据收集按以下顺序进行:确定研究目标——编制问卷、访谈提纲——问卷、访谈提纲的试调查与修订——正式调查、访谈、课堂观察与听课.

2011年3月至2011年5月编制问卷和访谈提纲.

2011年6月至2011年8月确定问卷调查、访谈的范围与抽样的方法,并进行问卷的试调查、试访谈并加以改进.

2011年9月至2011年12月正式调查、访谈及观课,并收集齐问卷.

2.5.2 调查数据的整理和分析

2012年1月,调查问卷收集齐全,抽样访谈的工作也已结束;在2011年4月至2012年3月期间所听的课例,于2012年3月收集齐全,此后对其进行编码与分析.研究中的数据整理和数据分析不是两个截然分开的阶段,整理的思想基础是分析,分析的操作基础在于整理.

1. 数据的整理

(1)问卷序号编码.采用教师所参加培训类别的第1字母＋教师序号.数据处理,采用SPSS17.0统计软件.问卷统计时只需要直接录入所选项的序号.

(2)访谈教师编码.教师所参加的培训类别＋教师序号.如2011年下半年"省培"的1位教师编码为:SP1,以此类推.昆明市第十九中学的第1位教师编码为:SJZ1,以此类推.

(3)课堂观察中教师的编码.用学校＋教师姓名首字母进行编码.如昆明市第十九中学张三老师的编码为:SJZZS,以此类推.

(4)教师调查问卷的发放分为两次:

第一次是对昆明市第十九中学全体数学教师的调查,发放教师问卷"初中数学教师课堂教学基本情况调查问卷"15份,收回15份,有效问卷15份,回收率100％,有效率100％.其中,男教师7人,女教师8人.

第二次是对2011年5月至6月云南省参加省级骨干教师培训的数学教师发放问卷"初中数学教师课堂教学基本情况调查问卷"68份,回收68份,回收率100％,有效问卷65份,有效率95.6％,其中来自城区学校29人,来自乡镇学校39人,男老师43人,女老师25人.

(5)调查中进行访谈10人,集体访谈4次,其中有3人作访谈录像,其余皆进行了访谈的录音.被访谈教师的基本情况见表2.1.

(6)从2009年4月至2010年6月课题组计划观摩中小学数学课60节,观课过程中,将有针对性地带着"课堂教学中各种提问行为类别频次统计表"、"数学课堂教学听课记录表"和"数学课堂师生互动等级量表"进行课堂观察,观课后对各类统计表中的数据进行整理和分析.

表2.1　10位被访谈教师的个人信息

教师编码	职称	学历	性别	民族	教龄	学校地域
SP1	中高	本科	女	汉	20	1
SP2	中高	本科	女	汉	19	1
SP3	中一	本科	女	汉	15	1
SP4	中一	中专	女	汉	32	2
SP5	中一	本科	男	汉	10	1
SJZ3	中二	本科	女	汉	8	2
SJZ4	中二	本科	女	汉	5	2
SJZ5	中一	本科	女	汉	15	2
SJZ6	中一	专科	女	汉	18	2
SJZ7	中二	本科	女	汉	3	2

注:学校地域中,"1"表示城区学校;"2"表示郊区或乡镇农村学校.

2. 数据的选取

根据现状研究目的的需要,将依据"初中数学教师对质疑的认识"、"初中数学课堂质疑的现状"和"初中教师对质疑的准备情况"等几个维度,从问卷、访谈、课堂观察和观课案例等方式收集、整理的数据中,综合选取研究所需要的数据.

3. 数据的分析

将数据录入SPSS17.0进行分析,在比较每题回答的平均值时,结果的数值越大,表示频率越高或者比例越大.为了研究影响教师对"质疑"的观念、态度等因素,同时又考虑到不同性别、学历、教龄、不同的地域等可能会影响教师对教学生成资源的使用,对研究数据进行如下方式的分析:

(1)以描述性为主的分析,例如平均值和百分比.

(2)显著性差异分析.考虑到教师样本的大小,即彼此独立,所以研究采用如下检验方法:选择卡方检验,进行分析以检验不同比较组的教师在应对"质疑"是否有显著意义的差异.

(3)对比分析.通过对比"省培计划"骨干教师和昆明市第十九中学的教师,两类教师对"质疑"的处理.

2.6　研究的技术路线

课题组在对质疑式教学内涵分析、已有的质疑式教学研究文献梳理、到昆明市第十九中学两次调研的基础上,设计出了研究的技术路线.该项研究将按照如下的研究流程进行:

确定研究问题→观课、访谈,以及确定研究的方向和视角→围绕研究选题搜集文献→文献综述与分析,制定研究计划和方案→设计研究工具→对教师、学生及数学课堂的观察研究→确立数学质疑式教学的实验变量→开展实验→收集和处理数据→对处理过的数据进行统计分析→探讨质疑式教学设计→构建数学质疑式教学实施模式→得出研究结论.为了保证研究的顺利进行,课题组设计了研究的技术路线图,见图 2.1.

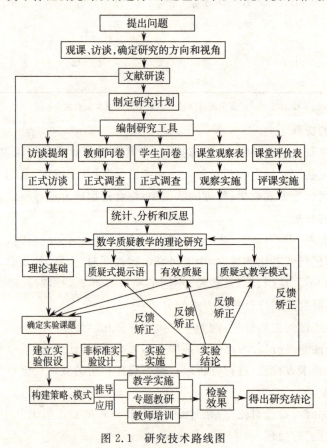

图 2.1　研究技术路线图

首先,在文献研读的基础上,制定研究计划和编制研究工具,研究工具主要有:学生问卷、教师问卷、教师访谈提纲、课堂观察表、教学评价表,为保证研究工具的效度和信度,将开展预调查和预观察,进一步改进研究工具,在此基础上进行正式的调查和观察.

其次,将理论探讨和实验检验相结合,先初步构建质疑式教学实施的基本模式,运用非标准性教学实验设计进行检验.在实验中,进一步凝练质疑式教学的实施方式、质疑策略,探讨质疑式教学设计,以进一步完善数学质疑式的教学模式.

最后,用准确的语言将质疑式教学的内涵、实施方式、有效质疑的策略、有启发性的教学案例等总结出来,形成完整的研究报告.

2.7 研究伦理

研究伦理是任何一项涉及以人作为研究对象的科学活动所必须认真对待的问题.教育研究尤其如此.从我国目前的状况来看,研究伦理主要应注意知情同意和尊重两个方面[①].该项研究在调查和实验时,一方面,都将让被调查者充分了解研究工作的内容和意义,具体来说就是,在调查问卷设计时,第一部分是对调查的说明,就是让被调查者了解将要进行的研究.另一方面,调查、实验等研究都将在被调查者、实验教师同意之后才开始.整个研究过程,对被调查者、实验教师的个人信息等实施严格的保密.对被调查者提出的合理要求,予以尊重,并尽量满足.总之,伦理问题直接与数据质量相关.该研究中,将在被研究者知情同意的基础上开展,给予他们充分的尊重,以此提高研究所收集数据的质量.

在这一章中,我们主要对研究的对象、计划、研究的过程、研究的方法、研究工具的设计和研究的技术路线、研究的伦理进行了阐述.这项研究主要是深入分析质疑式教学的内涵、质疑式教学的实施方式和质疑式教学实施的策略.研究采用理论与实践相结合的方法.

---

① 张红霞.教育科学研究方法[M].北京:教育科学出版社,2009:83.

第 3 章 质疑式教学研究综述

"不愤不启,不悱不发.举一隅不以三隅反,则不复也."

——《论语·述而》

每一思想或理论都有其历史渊源.在进行一项研究时,确定了研究内容后,就需要提炼与细述已有的观点和思想,以此为基础寻找观念之间的衔接,力求生成新的观点.该项研究正是追寻这样一个思路来展开的.基于此,这一章首先对研究中的几个核心概念进行界定,然后对质疑式教学研究现状进行综述,最后以课例为载体解析数学课堂质疑式教学的内涵.

3.1 核心概念界定

研究中涉及六个核心概念:"教学"、"质疑"、"质疑能力"、"教学模式"、"情境"、"学案",这是此项研究中的关键术语,对其认识和界定的不同,直接影响以此为基点建立的教学理论,因而有必要认识和厘清"质疑"、"质疑式教学"、"教学"、"教学模式"、"情境"、"学案"等概念的内涵和实质."质疑"和"质疑式教学"在第 1 章中已经进行过界定,这里不再赘述.在这部分主要以历史发展的途径与查阅文献途径相结合的方式展开研究,在对已有研究进行分析整理的基础上,对这五个核心概念做出以下界定:

(1)教学(teaching)

教学是教师教授和学生学习的统一活动[1].教学是以课程内容为中介的师生双方教和学的共同活动[2].教学是教师引起、维持或促进学生学习的所有行为[3].教学既是科学,又是艺术,是科学与艺术的统一[4].对中小学课堂教学活动而言,教学就是指"教师和学生以课堂为主渠道,以教材为中介,学生在教师的指导下,在教师的教和学生的学的统一活动中,通过沟通、交流与合作,促进学生掌握知识与自我发展的活动"[5].

---

[1] 王焕勋.实用教育大词典[M].北京:北京师范大学出版社,1995:219.
[2] 顾明远.教育大辞典:增订合编本(上)[M].上海:上海教育出版社,1998:711.
[3] 施良方,崔允漷.教学理论:课堂教学的原理、策略与研究[M].上海:华东师范大学出版社,1999.
[4] 王策三.教学论稿[M].北京:人民教育出版社,1985:86.
[5] 谢利民,郑百伟.现代教学基础理论[M].上海:上海教育出版社,2003:1.

随着人们对教学理论认识的加深,对"教学"的内涵也有了新的认识.肖川认为:"教学是一项帮助人们以学习为目的的事业,教学是以促进学习的方式影响学习者的一系列行为,教学的目的在于帮助每一个学生,使之按自己的心向得到尽可能地充分发展,教学应更多地视为是一项人际互动的过程,那种通过严格程序化的规则、过程、步骤进行监控的系统方法并不适合这项工作"[1].鉴于数学质疑式教学研究的需要,该项研究中主要采用肖川先生对教学内涵的阐释.

(2)质疑能力(query abilities)

能力是指能顺利完成某种活动所必须具备的那些心理特征[2].肖钰士在《论中小学教学中质疑素质的培养》中指出,所谓质疑素质包含两方面意思:一是敢于怀疑权威(包括教师和书本知识),敢于向他们挑战的精神;二是善于发现问题和提出问题的能力.鉴于现代汉语词典对"质疑"一词解释为"提出疑问",因此可以对质疑能力做出这样的定义:质疑能力是学生能顺利地提出有价值的问题的个性心理特征[3].亚里士多德说:"思维是从疑问和'惊奇'开始的"."疑"是思维的开端,是创造的基础.敢于提问,善于提问是其重要标志.质疑能力是一种个性心理特征,是顺利而有效地完成质疑所必须具备的心理条件[4].该项研究中把质疑能力定义为:学生根据事实和自己所掌握的知识,通过自己的思考,提出学习中的疑难问题或对某一既定结论重新思考,进而提出自己的新观点的能力[5].

(3)教学模式(model of teaching)

对教学模式的界定,各国不尽相同.国外学者对教学模式含义的看法也不大一样.较有代表性的是乔伊斯(Joyce)和韦尔(Vail)在其《教学模式》一书中的定义,即教学模式是指构成课程和作业、选择教材、提示教师活动的一种范型或计划[6].

国内学者对教学模式的定义也有不同的意见.有人认为:教学模式是指建立在一定的教学理论或教学思想基础上,为实现特定的教学目的,将教学的诸要素以特定的方式组合成具有相对稳定且简明的教学结构理论框架,并具有可操作性程序的教学模型.它既是教学理论的具体化,又是教学经验的一种系统的概括.它既可以直接从丰富的教学实践经验中概括而形成,也可以在一定的理论指

---

[1] 肖川,张文质.基础教育课程改革的关键词[M].福州:福建教育出版社,2005:55.
[2] 黄希庭.心理学导论[M].北京:人民教育出版社,1991:99.
[3] 孟进,张鹏.新课程教学设计[M].大连:辽宁师范大学出版社,2002:23.
[4] 廖德才,张品红.创新学习与质疑能力的培养[J].四川教育学院学报,2001(6):17.
[5] 战长志.高中生物理质疑能力的研究[D].长春:东北师范大学,2010:8.
[6] 钟海青.教学模式的选择与运用[M].北京:北京师范大学出版社,2006:2.

导下提出一种假设,经过多次实验后形成①.而曹一鸣教授则认为:教学模式是教学过程的概括和抽象,是教学过程的模型.它是教学理论、学习理论指导下,在大量教学实验基础上,为完成特定的教学目标和内容,围绕某主题形成的稳定、简明的教学结构框架,是教学理论与教学实践的中介.它可从总体认识和控制教学过程,使教学的各环节、各方面的配合更合理、更协调,具有可操作性,为课堂教学的改革提供理论指导和质量保证②.此研究中采用曹一鸣教授对教学模式的界定.

(4)情境(situation)

情境包括具体的环境与活动.课堂教学情境由具体的课堂环境以及特定的教师和学生(包括个体与群体)共同进行的教学活动组成③.情境中包含着很多影响师生进行课堂教学的因素,如:物质因素(自然条件和教室条件)、心理因素(学生和教师)、群体因素等④.初中数学课堂教学情境具有自身的特殊性和复杂性,它总是在教学活动进行过程中由于多种特定因素的影响而不断变化,动态的数学教学资源就在不断变化的教学情境中生成,成为学生下一个"数学现实"的嫁接点和生长点.

(5)学案(guided learning plan)

学案是教师依据学生的认知水平和知识经验指导学生进行主动的知识建构而编写的学习方案⑤.

在这项研究中,依据质疑式教学的特征和对学生认知基础和认知习惯的了解,有针对性地设计质疑式学案,是这项研究的主要举措之一.

3.2 关于"教学模式"

"模式"作为一种科学方法,它的要点是分析主要矛盾,认识基本特征,进行合理分类⑥.了解教学模式的历史发展有助于了解历史上各种教学模式产生、发展和作用的过程,质疑式教学模式的构建才有支撑.在这一节,先弄清楚模式的含义,再

---

① 李三元.教学模式[EB/OL].互动百科:http://edu.nenu.edu.cn/jpk/jiaoshi/eight-new/1-1.htm.
② 曹一鸣,张生春.数学教学论[M].北京:北京师范大学出版社,2011:69.
③ 殷晓静.课堂教学中的动态生成性资源研究[D].上海:华东师范大学,2004:11.
④ 叶澜.课堂焕发出生命活力——论中小学教学改革的深化[J].教育研究,1997(9):6.
⑤ 孙小明."高中数学学案导学法"课堂教学模式的构建与实践[J].数学通讯,2001(17):6.
⑥ 查有梁.教育建模[M].南宁:广西教育出版社,1998:4.

对教学模式的发展做一个系统的介绍.

要构建数学质疑式教学的模式,有必要先对教学模式进行一些探讨.只有在对教学模式的本质有深刻理解的基础上构建数学质疑式教学的基本模式,这样构建出来的教学模式才是有意义的.

3.2.1 "模式"的内涵解析

《说文解字》中写道:"模,法也."[1] 中国古代的人们认为,"模"是一种科学技术方法.《辞海》中写道,"模"的意义有 3 个:① 模型、规范;② 模范、楷式;③ 模仿、效法[2]."模式"这个词语在中国古代已有所用,只是用得不多.《现代汉语大词典》对"模式"解释是:某种事物的标准形式或使人可以照着做的标准样式,如模图、模化[3].

在英语里,"模式"的英文是"Pattern".在《牛津高阶汉英双解词典》中,对"Pattern"有名词解释和动词解释."Pattern"做名词使用时,提供了 5 种释义:①模式、方式;②范例、典范等;③图案、式样;④模型、底样;⑤样品、样本.

对于"模式"在《中国大百科全书》、《大英百科全书》都没有设置相应的条目.只有在《国际教育百科全书》中给出了"模式"的定性描述:"对任何一个领域的探究都有一个过程.在鉴别出影响特点结果的变量,或提出与特定问题有关的定义、解释和预示的假设之后,当变量或假设之间的内在联系得到系统的阐述时,就需要把变量或假设之间的内在联系合并为一个假设的模式."[4]"模式可以被建立和被检验,并且如果需要的话,还可以根据探究进行重建.它们与理论有关,可以从理论中派生,但从概念上说,它们又不同于理论."[5]

查有梁先生认为,模式是一种科学操作与科学思维的方法.它是解决特定问题,在一定的抽象、简化、假设条件下,再现原型客体的某种本质特征;它是作为中介,从而更好地认识和改造原型客体、构建新型客体的一种科学方法.从实践出发,经概括、归纳、综合,可以提出各种模式,模式一经被证实,即有可能形成理论;也可以从理论出发,经类比、演绎、分析,提出各种模式,从而促进实践发展[1].此项研究中,借鉴查有梁先生对模式的界定.

---

[1] 许慎.说文解字[M].北京:中华书局,1963:120.
[2] 商务印书馆编辑部.辞海[M].北京:商务印书馆,1981:1622.
[3] 中国科学院语言研究所词典编辑室.现代汉语词典[M].北京:商务印书馆,1979:791.
[4] 托斯顿,胡森,T·内维尔,等.国际教育百科全书[M].贵阳:贵州教育出版社,1991,6:236.
[5] 托斯顿,胡森,T·内维尔,等.国际教育百科全书[M].贵阳:贵州教育出版社,1991,6:242.

3.2.2 教学模式与教育模式的关系

教学模式是在一定教学思想指导下,建立起来的完成所提出的教学任务的比较稳定的教学程序及其实施方法的策略体系.它是沟通教学理论与教学实践的桥梁.教育模式一方面是在教育理论指导下,抓住教育过程的主要特点,对教育过程的组织方式作简要概括,以向教育工作者提供教育实践上的选择;另一方面,对教育实践的经验作概括,则可得到个别的教育模式,以丰富教育理论[②].教育是培养人的社会活动,教学是教师的教和学生的学的共同活动.显然,教育包容了教学.任何教学都具有教育性.教育的内容和形式相当广义,既有家庭教育、学校教育,又有社会教育、自我教育;既有终生教育、整体教育,又有未来教育、通才教育;既有正规教育、正式教育,又有非正规教育、非正式教育等.因而,教育包含了教学.教学模式这个集合,只是教育模式这个集合的子集[③],即"教学模式"外延是"教育模式"外延的子集合.

这就清楚地表明了教育模式和教学模式的关系.可以说,教学模式是狭义的教育模式.因而,对教育模式研究的理论对教学模式也是适合的.

3.2.3 模式研究方法

在现代科学方法论中,模式方法是一种重要的研究方法.用模式方法分析问题、简化问题,便于较好地解决问题.在自然科学中常称为模型研究方法,在社会科学中常称为模式研究方法[④].

模式方法的主要特点是:排开事物次要的、非本质的部分,抽出事物主要的、有特色的部分进行研究.模式方法要将事物的重要因素、关系、状态、过程,突出地显露出来,便于人们进行观察、实验、调查、模拟,便于进行理论分析.

模式方法的主要程序是:按照研究的目的,将客观事物的原型抽象为认识论上的模式;通过模式的研究,获得客观事物原型的更本质、更深刻的认识.模式方法可以表示为

$$原式 \rightarrow 模式 \rightarrow 原型*$$

其中,原式是提供抽象为模式的客观基础;而原型*则是经过模式研究之后,更加

---

① 查有梁.教育建模[M].南宁:广西教育出版社,1998:5.
② 查有梁.教育建模[M].南宁:广西教育出版社,1998:4.
③ 这里借鉴了查有梁先生的观点.
④ 查有梁.教育模式研究[M].北京:教育科学出版社,1997:7-8.

深入认识的原型.

此项研究中,也是遵循模式方法的主要程序进行的.首先是根据现有研究和教育、教学理论得出原型,其次将原型进行抽象得到模式,在对模式进行理论研究和实践研究(实验),得到原型*.

模式方法在自然科学研究和社会科学研究中都有重要的价值.应用模式方法研究教育,就要研究各种教学模式.教学模式推上,有理论基础;推下,有操作程序①.模式处于理论和实践中间.在理论和实践之间,模式能够承上启下,所以意义重大.可以把模式方法表示为

$$理论 \leftrightarrow 模式 \leftrightarrow 实践$$

由上面的式子可以看出,模式方法既有从理论到模式再到实践这一程序,也有从实践到模式再到理论这一程序.显然,模式能沟通理论和实践,既能促进理论的提高,又能促进实践的发展.

3.2.4 教学模式研究的历史

下面按照时间顺序,分三个阶段对教学模式的研究做一些简要的论述.

1. 古代教学模式

古代教学模式主要有4种,下面先用表格概括古代教学模式,然后再逐一论述(见表3.1).

表3.1 古代教学模式

代表人物	特点与方法	基本教学过程
孔子	伦理中心,启发教学	学→问→习→思→行
苏格拉底	重视数学,辩论中学	对话→辩论→思考→善
朱熹	读书中心,研讨教学	学→问→思→辨→行

(1)孔子:启发教学

孔子(公元前551—公元前479)是中国古代杰出的教育家.《论语》一书记载了他的教育思想和实践.孔子不仅对中国的教育影响巨大,而且对世界教育也影响深远.他首创规模巨大的私学,弟子3 000人,贤人70人.他提倡质疑教学,如"学而不思则罔,思而不学则殆"、"学而时习之"、"温故知新"、"不愤不启,不悱不发"等.孔子的教育实践充分体现了质疑教学的方法.

---

① 查有梁.教育模式研究[M].北京:教育科学出版社,1997:8.

孔子提倡的教学模式简要概括在《论语》一书中,孔子强调:学与问结合,学与习结合,学与思结合,学与行结合.孔子应用的教学模式简称为"启发教学模式",其基本过程是:学→问→习→思→行.其中,启发的前提是学生处于"愤悱"的心理状态下,教师再有针对性地启发[①];如果学生没有"愤悱",则需要用"质疑"的方法,让学生"愤悱".

(2)苏格拉底:辩论中学

苏格拉底(Socrates,公元前469—公元前399),古希腊哲学家.苏格拉底把数学和辩证法提到了空前的高度,他提倡师生之间采用对话形式教学.这种教学模式可以简称为"对话模式",其基本教学过程是:对话→辩论→思考→善.这个教学过程的实质就是不断地"质疑",苏格拉底先伪装自己对某个问题一无所知,然后,巧妙地运用谈话的技巧,不断地向对方提出疑问,让对方处于认知的矛盾之中,再一同通过辩论和思考得到问题的答案.

(3)朱熹:研讨教学

朱熹(1130—1200),中国南宋时期杰出的哲学家、教育家.朱熹信奉儒家思想,重视伦理教育.他阐述了《中庸》所提倡的"为学之次之序":"博学之、审问之、慎思之、明辨之、笃行之."可以看出,在朱熹的教育思想中,"质疑"占了很重要的地位,"审问"、"明辨"的内涵就是质疑,通过不断地质疑,可以让学习者加深对学习内容的理解.

朱熹执教50年,兴办和发展"书院",提倡和实践一种新的教学模式,即"书院"教学模式.这种教学模式可以简要概括为"读书中心,研讨教学".这种教学模式要求学生自己勤奋读书,勤做笔记;教师之作指导、答题,讲引式地教学,研讨式地教学.因此,这种教学模式也称为"研讨模式",其基本过程是:学→问→思→辨→行.

但是,在科举应试的背景下,中国古代的教学模式带有极强的实用主义倾向,逐渐演变为三个过程(见图3.1).

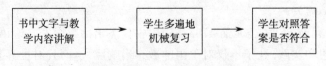

图3.1 中国古代教学模式图

---

① "愤"指主动积极思考问题时,有疑难而又想不通的心理状态;"悱"指经过独立思考,想表达问题而又表达不出来的困境.孔子提倡的启发式教学中,"启"意味着教师开启思路,引导学生解除疑惑;"发"意味着教师引导学生用通畅的语言表达.

2. 近代教育模式

近代教学模式主要有 4 种,下面先用表格概括近代教学模式,然后再逐一论述(见表 3.2).

表 3.2 近代教学模式

代表人物	特点与方法	基本教学过程
夸美纽斯	适应自然,班级教学	模仿自然→发现偏差→加以纠正
赫尔巴特	教师中心,从课中学	明了→联合→系统→方法
杜威	学生中心,从做中学	暗示→问题→假设→推理→验证
陶行知	生活中心,互教互学	生活→行动→联系(世界、历史)→前进

(1) 夸美纽斯:适应自然,班级教学

夸美纽斯(J. A. Comenius,1592—1670)是捷克著名教育家,理论化、系统化教学理论的创立者,他于 1592 年 3 月 28 日生于波西米亚王国(今捷克)南摩拉维亚的尼夫尼兹. 其教育学巨作有《大教学论》、《致天国书》、《语学入门》、学前教育专著《母育学校》、中学物理教材《物理学概念》等. 夸美纽斯的《大教学论》是近代第一部比较系统的教育学著作.

夸美纽斯提倡的教学模式可以简要概括为:"适应自然,班级教学",简称为"班级模式". 这一教学模式对整个人类的教育带来了革命性的变化. 无论赫尔巴特的教学模式,还是杜威的教学模式,都是在夸美纽斯的教学模式的基础上提出来的. "班级模式"的基本教学过程是:模仿自然→发现偏差→加以纠正.

(2) 赫尔巴特:教师中心,从课中学

赫尔巴特(J. F. Herbart,1776—1841)是德国哲学家、心理学家、教育学家. 他出生于律师家庭. 在耶鲁大学读书期间,由于对哲学感兴趣,放弃法律学习而专攻哲学,后到瑞士一个贵族家庭担任家庭教师. 在瑞士期间,赫尔巴特有幸认识了裴斯泰洛齐,参观了他的布格多夫学校,受到他的教育思想尤其是"教育心理学化"观点的影响. 赫尔巴特的主要著作有:《普通教育学》、《科学的心理学》、《教育学讲授纲要》等.

赫尔巴特继承并超越了前人教学理论的遗产,在教育史上第一次建立了心理学为基础的教学原理,并第一次把教学论作为教育学的相对独立的组成部分. 他的著作《普通教育学》标志着教学独立理论体系的形成. 赫尔巴特对教学研究的贡献是确立了教学的"形式阶段"的理论.教学有四个形式阶段[①]:"明了"(klartheit),即清楚、明确地感知新教材;"联合"(assoziation),即把新的观念和旧的观念结合起来,这一阶段的教学主要是在"明了"的基础上充分调动学生的心理活动,以记忆和想象为主;"系统"(system),即把已建立的新旧观念的各种联合与儿童的整个观念体系一起来,概括出一般的概念和规律,以形成具有逻辑性结构严整的知识系统或观念体系;"方法"(methode),即将已形成的知识系统运用于各种情境,使之进一步充实和完善.赫尔巴特的"形式阶段"理论在一定程度上揭示了新知识的教学规律,易于操作,在实践中的应用很广.后来,赫尔巴特的学生戚勒(T. Ziller,1817—1882)将其改为著名的"五阶段教学法"——预备、提示、联合、概括、应用.赫然巴特提倡的教学模式可以简要概括为:"教师中心,从课中学".他的教学模式可以简称为"阶段模式",其基本教学过程是:明了→联合→系统→方法.

(3)杜威:学生中心,从做中学

杜威是美国著名哲学家、教育家,实用主义哲学的创始人之一,功能心理学的先驱,美国进步主义教育运动的代表.他的主要著作有:《我的教育信条》《学校和社会》《儿童与课程》《民主主义与教育》《经验与教育》《人的问题》等.他的"教学论"在某种意义上即是"传统"与"现代"的分水岭,又是人们对"教学论"中教师和学生地位与作用辩证性认识的新起点,是教学论发展的里程碑.他创造性地确立了四个教育哲学命题:"教育即经验的不断改造"、"教育是一个社会的过程"、"教育即生活"、"教育即生长".在教材的选择上,杜威建议"学校科目的相互联系的真正中心,不是科学……而是儿童本身的社会活动".具体地讲是学校安排种种作业,把基本的人类事物引进学校里来,作为学校的教材[②].

在教学研究上,杜威在对传统教学论批判的基础上提出了"基于经验的教学论",其内涵为:

① 经验的含义与知行统一.

② 反省思维与问题解决教学(反省思维包含五个要素或步骤:第一,问题的感觉;第二,问题的界定;第三,问题解决的假设;第四,对问题及其解决方法的逻辑推理;第五,通过行动检验假设).

③ 经验课程与主动作业,其中"主动作业"是杜威毕生所倡导并实施的"经验

---

① 张焕庭.西方资产阶级教育论著选[M].北京:人民教育出版社,1979:273-275.
② 丁尔陞,等.现代数学课程论[M].南京:江苏教育出版社,1997:41-42.

课程"的形态.

在具体的教学方法上,杜威主张"从做中学"、"从经验中学",他认为儿童不从活动而由听课和读书所获得的知识是虚渺的.

杜威提倡实用主义而闻名,他应用的这种教学模式,可以简称为"实用模式",其教学基本过程是:暗示①→问题→假设→推理→验证.

(4)陶行知:生活中心,互教互学

陶行知(1891—1946),中国近代卓越的人民教育家.陶行知先生的教育思想博大精深,他在"行是知之始,知是行之成"这一认识论原理的基础上,提出了生活教育理论:"生活即教育"、"社会即学校"、"教学做合一"、"即知即传人".他的生活教学模式,可以简要概括为:"生活中心,互教互学",即基本教学过程是:生活→行动→联系(世界、历史)→前进.

3. 现代教学模式

现代教学模式一般有三种,先用表3.3概括、归纳,然后逐一论述.

表3.3 现代教学模式

代表人物	特点与方法	基本教育过程
布鲁纳	结构中心,发现中学	获得→结构→转换→发现→评价
布卢姆	目标中心,评价中学	目标定向→实施教学→形成性测试→反馈矫正→平行线测试
巴班斯基	方法中心,择优教学	选择→优化→合作→发展

(1)布鲁纳:结构中心,发现中学

20世纪50年代以来,由于经济的增长、社会的发展、科技的进步,促进了新的教学模式的不断出现.美国心理学家布鲁纳(Jerome Seymour Bruner,1915—)在一批科学家和教育家的影响下,提出了以课程现代化为中心的教学模式.强调课程结构的重要性,提倡应用"发现法"进行探索式教学.他主张教学的最终目标是促进学生对学科基本结构的理解.布鲁纳认为,如果教材的组织缺乏结构或者学生缺乏认知结构的基本知识,发现学习是不可能产生的.因此,布鲁纳把学科的基本结构放在设计课程和编写教材的中心地位.布鲁纳提出了四条教学原则:动机原则、结构

---

① 对于杜威教学模式中的"暗示",现在习惯于将其翻译为"情境".

原则、序列原则、强化原则①.

布鲁纳提倡的教学模式,可以简称为"结构模式",其基本教育过程是:获得→结构→转换→发现→评价.

(2)布卢姆:目标中心,评价中学

美国著名教育家、心理学家布卢姆(B. S. Bloom,1913—)于 1943—1956 年担任芝加哥大学教务长,其职责中的主要一项是组织和执行全体大学毕业生的综合考试.这期间他深切地感到教育评价工作的困难在于缺少一个参照系,这个参照系就是教育目标.1949—1953 年美国举行了一系列学院和大学考试委员会的非正式会议,对编制"教育目标分类学"的有关问题进行了充分的酝酿和讨论,达成了以下的前提性共识:

① 分类学是一种纯粹描述性的体系,应尽量避免对各种目标和行为进行价值判断.

② 分类学要符合教育原则,各类别之间的主要区分应大体反映教师对学生行为所作的划分,符合教师课堂教学的要求.

③ 分类学应符合逻辑原则,应保持内在一致性,始终用一种前后一致的方式来解说和使用每一个术语.此外,每一类别应有符合逻辑的细分.

④ 分类学要符合心理学原则②.

布卢姆认为,完整的"教育目标分类学"应包括"认知领域"、"情感领域"、"动作技能领域".他本人主编了《教育目标分类学,第一分册:认知领域》(1956),还与克拉斯沃尔、马西亚(B. Masia)共同撰写了《教育目标分类学,第二分册:情感领域》(1964).此后,辛普森(E. J. Simpso)于 1972 年出版了《教育目标分类学,动作技能领域》.

布卢姆提倡的教学模式,可以简称为"掌握模式",其基本过程是:目标定向→实施教学→形成性测试→反馈矫正→平行线测试.

(3)巴班斯基:方法中心,择优教学

巴班斯基(Ю. К. ъабаиский,1927—1987)提出并实践了他的"教学教育过程最优化"的思想.巴班斯基是前苏联教育科学院院士、副院长,前苏联著名教育家、教育学博士.他的主要著作有:《教学过程最优化——一般教学论方面》、《教学、教育过程最优化——方法论基础》.他根据顿河—罗斯托夫地区几个学校大

---

① 朱维宗.聚焦数学教育[M].昆明:云南民族出版社,2005:134.
② 布卢姆.教育目标分类学·认知领域[M].罗黎辉,译.上海:华东师范大学出版社,1988:15-16.

面积提高教学质量的经验,应用现代系统论的原理和方法提出了最优化的理论主张.巴班斯基对教学过程最优化的解释是"教师有目的地选择组织教学过程的最佳方案,保证在规定的时间内使教学和教育任务的解决达到可能范围的最大效益".他认为衡量最优化的标准,基本上有两条:"第一个标准是每个学生按照所提出的任务,于该时期内在教养、教育和发展三个方面达到最高可能的水平;第二个标准是学生和教师遵守学校卫生学和相应指示所规定的课堂教学和家庭作业的时间定额".①

巴班斯基提倡的教学模式,可以简称为"优化模式",其基本过程是:选择→优化→合作→发展.

3.3 质疑式教学研究的概况

当前对质疑式教学已有一些研究,但比较零散和不系统.下面先解析质疑式教学的内涵,然后对当前质疑式教学研究的现状做一些必要的分析.

3.3.1 质疑式教学的内涵解析

数学教学中学生认识的起源:生惑②.有了"惑",才能产生"疑",有了"疑"才能"质疑".下面对质疑式教学的内涵作必要的解析.

(1)"惑"的含义

"惑"是一种古老的精神现象,也是生命中常有的现象.据查到的文献记载,我国古代的儒家、佛家、道家三大哲学流派都对"惑"有研究.儒家学派代表人物韩愈有言:"人非生而知之者,孰能无惑.惑而不从师,其为惑也,终不解也","师者,所以传道授业解惑也".在道家学说中"惑"的含义是对道德不明或不解,如"多则惑,少则得"③.在佛学中认为"惑"是一切烦恼的总称.《现代汉语词典》中,对"惑"有两种释义:一种是作为名词,即"疑惑"、"迷惑";另一种是作为动词,即"使迷惑".

数学教学是学生在教师的引导下发现新的数学知识(对学生主体而言是新知识)或对已知数学知识的新理解的过程,在这个过程中学生会不断涌现很多困惑,

---

① 巴班斯基.教学教育过程最优化[M].吴文侃,译.北京:教育科学出版社,1984:185.
② 黄晓学.论"从惑到识"数学教学原理的建构[J].数学教育学报,2007,16(4):9.
③ 这句话出自《老子》.

这种困惑的产生,正是促进学生学习的土壤,也是质疑的前提.

(2)"疑"的概念

孔子认为"疑"是"未解之惑、未知之物、未辨之味、未通之理"[①].《现代汉语词典》对"疑"的解释是:不能确定是否真实;不能有肯定的意见;不信;因不信而猜度;怀疑;不能确定的;不能解决的[②]."疑"作为人类心理活动的内驱力,是引导思维、启迪智慧的重要心理因素.从心理学角度讲,"疑"是由于个体认知结构与环境或某种刺激不适应所产生的一种心智骚扰与不宁,同时心智骚扰与不宁要求得到解脱,情绪的惆怅与紧张希望得到宽松,由此便引发了一系列的探索认知活动,并从中产生了认识和创造.因此,"疑"是学生的一项重要活动,它会打破学生心理上的平衡,引起学生动机、注意力和情感态度的及时更换,并重新组织认知行为的心理动力系统,以保证认知探索活动的顺利进行."疑"通常在问之前,疑问,疑问,没有疑就没有问.疑不一定是否定,也不一定是肯定,结论在疑之后,在问之后.疑与问之后的肯定是更坚定的肯定,疑与问之后的否定是更明白的否定.课堂教学中并不是所有的问题都能引起学生的"疑"的心理.有些问题只能激起原有知识的复现,并不包含任何对学生来说是新的东西,不能激起学生的积极思维活动[③].

美国芝加哥大学心理学教授J.W·盖泽尔斯曾经把以往碰到的问题大致分为三类:

① 呈现型问题.这是目前学校中最常见、最典型的问题情景,它们是一些由教科书或教师给定的问题,答案往往是现成的,求解的思路也是现成的.问题解决者只要按图索骥,照章办事,就能获得与标准答案相同的结果,"不需要也无机会去想象或创造".

② 发现型问题.它们有的也有已知的答案,但问题是由学生自己提出或发现,而不是由老师或教科书给出的.这类问题有的还可能没有已知的公式、解决办法或答案,因此,它们往往通向发现和创造.

③ 创造性问题.这类问题是人们从未提出过的,全新的.质疑式教学研究中的"疑"是指那些答案既不存在学生以前的知识中,也不存在于所提供的信息之中,而

---

① 张艳萍,刘清珍.谈儒家培养学生质疑精神的思想及启示[J].呼和浩特:内蒙古师范大学学报:教育科学版,2003,16(4):19-20.
② 中国社会科学院语言研究所词典编辑室.现代汉语词典[Z].北京:商务印书馆,2005:1349.
③ 宋立华.课堂教学中初中生质疑能力及其培养的研究[D].曲阜:曲阜师范大学,2005:3.

能够引起学生的智力困窘(所谓的"伴以困窘的问题")的这样一些问题,它包含着认识矛盾、学生尚未揭示的问题、未知领域和一些新知识,为了获得这些新知识必须进行某种智力活动和一定的智力探索.

(3)"质疑"的概念

质疑是一个常见、常用的词,它既有书面的用法、日常口语的使用,又有教育上特定内涵,三者并不完全一致.

① 书面用法

从词的构成上看,"质疑"是一个动宾结构."质"是动词,意思有:一是"性质、质量、朴素、单纯"之义;二是"询问"和"责问";三是"抵押"之义(《现代汉语词典》)."疑"是"质"的宾语,疑为宾语. 在各类词典中,对质疑的解释分别为:"提出疑问"(《现代汉语词典》);"谓心有所疑,提出以求得解答"(《汉语大词典》);"心有所疑,就正于人"(《辞源》);"请人解答疑难"(《辞海》). "今亦指提出的疑难问题"(《辞海》),这就是说质疑现在也作为名词来使用,等同于"疑问". 可见,在书面用法上,"质疑"这个词的核心是疑问或提出疑问.

② 口头用法

由于"质疑"与"置疑"同音,因而在口语中常常把这两个词混淆,但二者是不同的. 置疑:怀疑(用于否定). 例:不容置疑,无可置疑(《汉语大词典》). 从词的构成看,二者都是动宾结构,"质"、"置"是动词,"疑"是宾语. 二者的区别在于"质"和"置"的含义不同."质疑"的"质"是"询问、质问"之义,有追寻问题的所以然之义;而"置疑"的"置"是"放置、设置"之义."置疑"的核心是怀疑,多用于否定.

③ 教育中的用法

《教育大辞典》中对质疑的解释为学习方式之一,即学生在课内外向教师提出疑难问题,要求解释或解答. 同时,教师也可以向学生提出问题,进行反诘以促使学生积极思考,进一步学习①.

(4)质疑的含义

在数学新课程的教学中,教师已开始重视了教学中的质疑,"质疑"俨然已经成为中小学里"新"、"旧"数学教学形式的标杆. 对于"质疑"的内涵如果有正确的认识,有助于提高初中数学教学的有效性,促进学生的全面发展;如果对"质疑"的内

---

① 教育大辞典编撰委员会.教育大辞典:第2卷[M].上海:上海教育出版社,1990:212.

涵理解走入了误区,可能造成顾此失彼、教学失衡的结果."质疑"是培养学生创新思维的重要手段之一,是课堂精心设计的一种课堂学习方式,也是课堂教学的一种手段,是师生情感交融的具体表现①.

综上质疑的三种用法,对质疑的理解,从不同的角度给出了不同的解读.对质疑的理解如果过于宽泛化,是不利于研究和实践的.因此,在该研究中质疑应有如下的内涵:

内涵一,质疑是科学的本质特征之一.

数学本质,简单地说,解释就是数学的根本性质.对科学本质的认识,是科学认识的一个根本性问题.对科学本质的认识,是依赖于科学发展阶段的,是有时效性的.对于数学本质的认识既随着数学的发展而发展,也随着各个阶段人们的认识水平的提高而深入.它是一个动态的认识过程②.人们对数学的不同感受可以得出对数学本质完全不同的认识,也可以得出对数学本质的不同理解.就现阶段的数学的发展,该研究中认为:质疑精神是数学的本质特征之一.

内涵二,质疑是创新的源泉.

在"灌输型"数学课堂里,学生是带着面具在学习,没有自己的思想,缺乏个人的理解,隐匿了自己的见解,充斥着千篇一律的教案语言或者教材文本.而在"质疑式"的课堂中则是洋溢着孩子思维的碰撞、友谊的质疑问诘,虽简单但真实的想法.这都是真实课堂面貌的自然体现.质疑是创新的源泉,是教学活动的起点和归宿.勤于质疑,敢于批判,这是创新的源泉、探索的动力③.所以,课堂上教师要鼓励学生大胆质疑,发表自己的意见,培养批判思维能力.

内涵三,质疑是一种习惯.

著名的教育家叶圣陶先生说:"什么是教育?简单的一句话就是要养成习惯,教师的任务就是帮助学生养成良好的习惯."质疑应是一种良好的习惯,质疑习惯的形成对提高提出问题的能力至关重要,是它的有利保证④.课堂教学活动中,应为学生创设良好的质疑、争辩的气氛.让学生讨论,使学生争辩,能享受成功的喜悦,激发学生提问的兴趣、讨论的热情,养成质疑的好习惯.

---

① 蒋春晖.论小学数学中的质疑教学[J].甘肃:数学教学研究,2009,19(82).
② 黄光荣.对数学本质的认识[M].天津:数学教育学报,2002,11(2):21.
③ 贺中良.变式——质疑[J].长沙:湖南教育,2001(11):51.
④ 郝同兴.提出问题能力的培养[J].北京:中国科技信息,2008(6):184.

当前的教育中,学生普遍缺乏质疑的意识.学生为了分数、升学,只能拼命记忆而不会对其产生怀疑,更不会带着怀疑去寻根问底.教师们也比较习惯于讲解现成的结论,缺乏展示知识发生发展的过程,这些都不利于质疑意识的产生.

(4)内涵四,质疑是一个过程,一种能力,是进学之道.

质疑是一个过程,是从未知向已知,不能向能发展的动态过程.对未知的世界,要持有质疑的态度,力求把未知转化为已知;对已知的世界也要持有质疑的态度,力求把已知推动向前;对不能的东西,要通过怀疑、思考、发现、质问、探索、研究的过程,实现从不能向能的转化.在每个人的内心深处,都有一种根深蒂固的需要,这就是希望自己是一个发现者、研究者、探索者.质疑的过程性意味着并不是单纯的好奇、否定,而是建立在深刻的思考和探索的基础上,通过怀疑→思考→质疑→研究的动态过程,提出新观念.

质疑是一种能力."能力"就是"为了达到某种目的而采取的具体方法"[①].每个人都曾质疑过,都有质疑的基础.但是,怀疑、思考、质疑、探究的能力是不同的,并不是每个人都能发现有价值的问题,并不是每个人都有能力挑战权威.这就是说,质疑能力是有高低的.教师在教学过程中就要培养学生的质疑能力.

质疑是进学之道,学习发端于质疑,并在不断的质疑中得到长进.我国古代许多教育家们就对此进行了深刻的论述.孔子认为:"疑是思之始,学之端."疑问是思考的开始,是思考的动力,是学习进步的发端.陆九渊说:"为学患无疑,疑则有进.孔门如子贡即无疑,所以不至于道","小疑则小进,大疑则大进."[②]按照陆九渊的观点,做学问就害怕没有疑问,有疑问的驱使就能取得进步.孔子的弟子子贡就是因为没有疑问,所以才不至于成大才.疑问是深思的起点,推动着人们去思考、去探索.南宋理学家朱熹则说:"读书,始读,未知有疑,其次则渐渐有疑,中则节节是疑.过了这一番后,疑渐渐解,以至融会贯通,都无所疑,方始是学."孟子则曰:"尽信书,则不如无书."这些都告诉我们,学习的过程需要质疑来驱使.

(5)内涵五,质疑是思维开启的钥匙.

思维是具有意识的人脑对客观事物的本质属性和内部规律的概括的间接的反

---

① 中国社会科学院语言研究所词典编辑室.现代汉语词典[M].北京:商务印书馆,2005:1161.
② 陆九渊.陆九渊集:第35卷[M].北京:中华书局,1980:472.

应.思维是人的意识活动的产物[①].质疑与思维密切相关,它能使人们主动认识思维过程.通过质疑意识的培养,最终形成质疑思维.怀疑、寻根究底是质疑意识产生的两大主要思维.为了激发、培养学生的问题意识,教师要培养他们怀疑、寻根究底的习惯与精神.

3.3.2 质疑式教学研究的现状综述

每一思想或理论都有其渊源或继承性.该研究是追寻这样一个思路来展开的:首先确定研究目标,接着需要做的就是提炼与细述已有的观点和思想,以此为基础寻找观念之间的衔接点,力求生成新的观点和研究的立足点.基于此,有必要对质疑式教学的发展轨迹做进一步的分析和思考.

自从1999年《中共中央国务院关于深化教育改革全面推进素质教育的决定》明确指出要培养学生的创新精神,以及在数学新课程改革提倡"质疑习惯"的理念的推动下,对于质疑、质疑能力、质疑教学的研究在近几年来呈现日益增长的趋势.为了了解初中数学教学研究进展情况,我们采用期刊检索、统计和分析.

2011年10月通过中国期刊全文数据库(2000—2011)的"初中数学质疑式教学研究"的相关期刊论文进行检索与统计.首先,从文献主题或全文角度对所收录的全部期刊和数据库进行检索,具体情况如表3.4.

表3.4 (2000—2011)中国期刊全文数据库"数学质疑式教学研究"
论文发表情况全文检索统计表

检索项	检索词	排序	匹配	A	B	C	D	E	合计
全文	质疑	相关度	精确	10 867	1	83	189	6 877	18 017
全文	质疑能力	相关度	精确	611	0	13	7	29	660
全文	质疑教学	相关度	精确	33	0	0	0	1	34
全文	质疑策略	相关度	精确	10	0	0	0	0	10
全文	数学质疑教学	相关度	精确	0	0	0	0	0	0

注:"A"表示"中国期刊全文数据库","B"表示"中国博士学位论文全文数据库","C"表示"中国优秀硕士学位论文全文数据库","D"表示"中国重要会议论文全文数据库","E"表示"中国重要报纸全文数据库",它们的单位都是"篇".

---

① 任樟辉.数学思维论[M].南宁:广西教育出版社,1998:6.

从以上统计情况可知,"质疑"、"质疑能力"已经得到教育界普遍认同,并开展了较为广泛的教学研究;"质疑教学",也引起了研究者的关注,进行了一定的研究.但总体上看,重视质疑教学的研究成果并不多.

在涉及具体的数学学科教学中,关于质疑式教学的研究数量很少,尤其是在硕士、博士学位论文的研究中,以初中数学学科为载体的质疑式教学研究,是严重缺乏的.其中,关于小学数学质疑教学有少量的研究,主要是零星地分布在一些期刊论文中,论述一般是采用案例叙述或者经验总结的方式,缺乏系统性的研究.而关于初中数学质疑教学的研究也是凤毛麟角地分布在一些期刊论文中.这说明对初中数学课堂质疑教学的相关问题的研究还有待深入,这个领域的研究还有待系统化和微观化.

由以上分析,这项研究将先回顾和审视国内外关于质疑式教学研究的放革,再对其中存在的问题进行反思,并开展实证性研究,最后在实证性研究的基础上提出未来的研究展望.

1. 国内关于质疑式教学的研究

对国内质疑式教学的研究历程进行梳理,大致可归纳为以下两个方面:

(1)古代和近代关于质疑式教学的研究

孔子(约公元前551—公元前479)是教育史上首创质疑式教学思想的教育家.他高度评价了问题意识在思维和学习活动中的重要性,认为:"疑是思之始,学之端."在《论语·述而》中提出了经典论断"不愤不启,不悱不发.举一隅不以三隅反,则不复也."[①]其中,"愤"指发愤学习,主动积极思考问题时,有疑难而又想不通的心理状态;"启"意味着教师开启思路,引导学生解除疑惑;"悱"指经过独立思考,想表达问题而又表达不出来的困境;"发"意味着教师引导学生通畅语言表达.孔子用寥寥数语概括出质疑式教学的基本要义:质疑的时机是当学生主动积极思考问题后,有疑难而想不通时,才进行"质",即引导学生"解疑";质疑的核心是开启思维、思路点拨;质疑的目的是做到举一反三,即真正掌握学习方法,可谓"释疑".下面,我们看一个孔子质疑式教学的案例:

【案例】[②]

子路问:"闻斯行诸?"

子曰:"有父兄在,如之何其闻斯行之?"

---

① 程昌明.论语[M].呼和浩特:远方出版社,2004:65.
② 该案例出自《论语·先进》.

冉有问:"闻斯行诸?"

子曰:"闻斯行之."

公西华曰:"由也问闻斯行诸,子曰,'有父兄在';求也问闻斯行诸,子曰'闻斯行之'.赤也惑,敢问."

子曰:"求也退,故进之;由也兼人,故退之."

【评析】 在这个案例中,孔子将公西华置于"愤悱"的情境中,让他积极地思考,有疑难而想不通时,才进行"质",即引导其"解疑".这样让公西华真正明白"道".

孔子的教学思想得到了后来者的继承和发展.中国古代最早、体系比较完整总结教学理论的著作《学记》中指出:"道而弗牵,强而弗抑,开而弗达.道而弗牵则和,强而弗抑则易,开而弗达则思.和易以思,可谓善喻矣."[①]这就是质疑学生但是不牵着学生走,鼓励学生而不强迫学生走,质疑学生而不代替学生达成结论,从而使孔子的思想得到进一步的发展.

唐代的韩愈在《师说》中谈及教师的职责时,说到"师者,所以传道、授业解惑也",即教师的职责之一就是为学生解疑释难,教师要解疑释难,同时也就要求学生有一定的质疑能力.韩愈指出了质疑式教学中教师应该扮演一个"解疑者"的角色.

北宋理学大师张载指出:"义理有疑则濯去旧见以来新意",意思就是说:只有怀疑,才能摒弃陈旧,创造新意.这里张载指出了质疑的作用.他还指出:"有可疑而不疑者,不曾学;学则须疑."宋代的理学家朱熹将教师比喻为"时雨之化",教师的作用在于引导、指正和释疑,"指引者,师之功也."教学要从"疑问"入手,"读书无疑者,须教有疑,有疑者却要无疑,到这里方是长进."他认为学习的过程是"无疑→有疑→解疑",学习者在这样的过程中达到"疑→问→思→进"的境界.陆九渊也提出:"为学患无疑,疑则有进,小疑则小进,大疑则大进."

近代著名教育家陶行知先生用十分生动简练的语言概括出了质疑的作用,"发明千千万,起点是一问.禽兽不如人,过在不会问.智者问得巧,愚者问得笨.人力胜天工,只在每事问."他还指出,教师的责任在于交给学生学习的方法,启发他们的思维,培养他们的自学能力.只有这样,才能"探知识的本源,求知识的归宿."教学过程中"教的法子必须根据学的法子",并提出应当把"教授法"改为"教学法"[②].由

---

① 傅任敢.《学记》译述[M].上海:上海教育出版社,1981:16-17.
② 王策三.教学论稿[M].北京:人民教育出版社,1985:245.

此,"教学法"的名称一直沿用至今.

(2)现代关于质疑式教学的研究

1999年以来,随着素质教育的提出,创新精神的培养提上议程,而质疑是创新的源泉和动力.越来越多的研究者从不同角度丰富和发展了质疑式教学,研究主要体现在如下几个方面:

① 对培养学生质疑能力的作用的研究

在许多期刊中,学者们都论述了培养学生质疑能力的作用.主要包括:

第一,培养学生的质疑能力,有利于创新能力的培养.勤于质疑,敢于批判,这是创新的源泉、探索的动力[②].质疑是学生产生新思想、新方法、新知识的种子,是培养学生创新能力的一把金钥匙[③].杨福家教授说得好:"什么叫学问?就是学习问问题,而不是学习答问题.如果一个学生能够懂得怎样去问问题,怎样去掌握知识,就等于给了他一把钥匙,就能够自己去打开各式各样的大门."[④]

第二,培养学生的质疑能力,有利于发挥学生的主体作用.学生提出问题的过程就是积极思维、主动思考的过程.没有疑,就不会有想象的方向,追求的兴趣;有疑问,学生才会去探求新知,学生的积极思维往往也是从疑开始的.

第三,培养学生的质疑能力,有利于学会学习.学生有了质疑能力,就具有了学习能力,就能独立地去探究问题、寻找解决问题的途径与答案.一个人在学习过程中能不能质疑是检验其学习能力强不强、会不会学习的基准,有没有质疑意识、会不会提出问题、提出什么样的问题是会不会学习、学习深入与否的重要标志[⑤].

② 对培养学生质疑能力的策略研究

对培养学生质疑能力的策略的研究零散地分散在一些期刊中,主要有以下一些.薛桂平认为培养学生的质疑能力可以采取以下的策略:营造气氛,鼓励质疑;教给方法,指导质疑;认真倾听,整合疏疑;顺应学路,分类解疑[⑥].李桂强认为培养学生的质疑能力主要要做到下面的"五给":给勇气、给机会、给情境、给启迪、给方

---

② 贺中良.变式——质疑[J].湖南教育,2001(11).
③ 汪伟.浅议培养学生的数学质疑能力[J].安徽教育,2005(1):27.
④ 周成军.浅谈初中数学课堂现状及"问题式"教学改革[J].陕西教育:理科版,2006:281.
⑤ 周毓荣.关于质疑[J].山东科技大学学报:社会科学版,2001(4):94-95.
⑥ 薛桂平.当前质疑教学存在的问题及对策[J].小学教学参考,2010(1):66.

法[1]. 宋兆玉、李兴社认为培养学生质疑能力的教学策略有:"注重质疑的前提(所设内容要巧;设疑的形式要新、时机要准);强化质疑的质(放权于生;提倡先思后问;加强质疑方法指导);明确质疑的归宿"[2]. 李得贤则认为培养学生质疑能力的策略有:外疑而内解(教师根据课时教学目标,设置一些问题供学生课前预习思考,以便引导学习的方向,明确学练的要点,使预习做到有的放矢);小疑而大解(教师设置的问题只要是教学目标需要的,只要能小处着眼,大处结果,教师就要引导学生由此及彼、由表及里地去探究,从而让他们获得更多的学习机会);深疑而浅解(对于那些重要而隐藏较深的问题,常常需要教师多设台阶,减缓坡度,引导学生发石探穴,曲径通幽);一疑而穷解(有些问题有着丰富的内涵,在课堂讨论中,教师要注意其答案的多解性和个性化,积极参与、引导,更好地激发学生认知冲突,多角度寻求解决问题的方法,穷其所有,最终使学生深刻地认识问题);存疑而不解(知识无穷,疑问难尽.一堂课结束后,教师本着启迪学生心智,延伸、拓展和迁移课内知识的目的,还要留下一些问题,在学生心田里剥下疑的种子,让学生根据自己的知识水平、兴趣爱好自行研究处理)[3].

③ 对影响学生质疑能力的因素的研究

对影响学生质疑能力的研究,概括起来主要有以下几个方面:

第一,从教师方面看.由于受我们国家传统教育思想的影响,一些中小学课堂中师生关系是处于不平等状态的.课堂上,教师往往处于独裁者的地位,教师的权威不容轻视,教师的命令不容置疑.目前,虽然我们国家大体提倡素质教育,但大部分中学迫于社会、学生家长等的压力,还存在片面追求升学率,以适应学校自身生存和发展的需要,对学生的"问"置之不理.

第二,从学生方面看.一方面,由于教师的权威作用,使得学生不敢疑,对教师、教材盲目地跟从.另一方面,在教师鼓励质疑、提倡质疑的情境下,学生没有进行深入的思考,学生为疑而疑.

此外,二十世纪末期,研究者们提出了一些教学模式,如引疑,探究式、引导,发现式和启发,创新式等.熊梅提出了启情设疑→释疑解难→释疑类化的启发式教学

---

[1] 李桂强.要注重培养学生的质疑能力[J].数学教学研究,2004(7):14-16.
[2] 宋兆玉,李兴社.课堂质疑的教学策略[J].校长参考,2005(1):96.
[3] 李得贤.课堂质疑解疑辩证五题[J].甘肃教育学院学报:社会科学版,2001(17):2.

模式①.

④ 数学质疑式教学的研究

唐绍友结合数学教学本身,提出了培养学生质疑能力的方法:让学生在阅读资料与听课中质疑(主要有两种方式:激发学生向权威挑战和鼓励学生构造反例);让学生在纠错中找疑(一堂好课不在于学生没有错误,而在于教师善于抓住时机启迪学生思维,纠正错误,在纠错中,教师不能越俎代庖,而是在教师的诱导下,学生自我纠错,自我寻找错误的根源,找到问题的疑点);让学生在学习数学定理、公式中生疑(在定理、公式教学中,可适当地设置疑问点,让学生在疑问的驱使下前进);让学生在数学定义的理解中问疑(在教学生理解数学定义时,应为学生提供一种提出疑问的时间和空间);让学生在解题过程中有疑(在学生完成习题中,需设置有一定难度的问题,学生在解决过程中才有疑问)②.

吴振英对广州市 250 名中学生进行了随机调查,发现我国中学生数学质疑能力的培养状况并不乐观,并指出影响学生质疑的因素主要有:教师因素,包括教师的教学观念、教师的教学方法、教师的质疑观、教师的知识储备;教材因素,主要是教材中内容和习题的"纯数学化",与现实生活的脱节等因素;外在压力因素,主要是来自外界残酷竞争和压力;评价因素,包括考试重结论,忽视解题过程等因素③.

庄梅从数学教学本身出发,提出了数学教学中设疑、质疑、激疑、释疑的方法:于细微处设疑(在教学过程中,教师要善于引导学生从细微之处生出疑问,然后再细细咀嚼,从而培养学生思维的缜密性);于无疑处质疑("无疑"的地方看似平淡无奇,故而容易被人忽视,但如果对这些地方深入探究,大胆质疑,便可促其深思,以求悟解);于矛盾处激疑(思维是从问题开始的,问题的起点是疑惑,解疑的迫切感愈强,思维就愈活跃,学生的积极性、自觉性也就愈高;而解疑的迫切感的强弱则取决于疑的内容与学生自身的需要之间的相容性);于关键处释疑(在教学中,为了加深学生对某些概念、方法的理解,在关键的地方教师可以单刀直入,直接向学生澄

---

① 熊梅.启发式教学原理研究[M].北京:高等教育出版社,1998:146-148.
② 唐绍友.数学教学中贯穿"学贵有疑"的教学思想[J].数学通报,2001(12):15.
③ 吴振英.中学生数学质疑能力欠缺的归因分析[J].数学教学通讯,2003(9):5.

清、释疑,从而避免学生出现偏差)①.

江伟从质疑自身出发,提出具体的激励学生质疑的方法:揭题质疑(教师提示课题后,让学生根据课题提出疑问);情境质疑(创设具有生活气息的现实性问题情境,使学生在不知不觉中进行质疑);操作质疑(让学生在动手操作中主动质疑);交流质疑(让学生在合作中交流质疑);拓展质疑(让学生不拘于课本的教学内容,拓展思维空间);实践质疑(让学生在实践活动中质疑问难);辨析质疑(让学生对易混易错的相类似的概念、法则、性质等进行辨析,在辨析中质疑)②.

2. 国外关于质疑式教学模式的研究

国外对质疑式教学模式的研究主要分为两个阶段,下面具体来探讨.

① 对质疑式教学认识及相关认知模式的研究

质疑教学的研究,在西方渊源于古希腊思想家苏格拉底(Socrates,公元前469—公元前399)的"产婆术"③,其开创了西方质疑教学研究的先河.苏格拉底把教师的作用比喻为接生婆,学生获得真理的过程就像接生婆帮助产妇以其自力分娩婴儿那样,要靠自身的力量孕育真理,生产真理.他的"产婆术"注重问答式的启发.一般是苏格拉底提出问题,并伪装自己一无所知,然后通过问答与人谈话,常常使人处于一种互相矛盾的窘境,以此引导学生积极主动地探索,从而得出正确结论.苏格拉底强调教师要激发学生对知识的热爱,启发学生进行独立思考,用问答的方法探求真理,而不仅仅是掌握知识.下面介绍一个苏格拉底教学的案例.

【案例】④　史籍记载,有一次,苏格拉底与士兵讨论"什么是勇敢"的问题.下面是他们简短的对话:

"什么是勇敢?"苏格拉底随便地问一个士兵.

"勇敢是在情况变得很艰难时能坚守阵地."士兵回答.

"但是,战略要求撤退呢?"苏格拉底问.

"假如这样的话,就不要使事情变得愚蠢."士兵回答.

"那么,你同意勇敢既不是坚守阵地,也不是撤退吗?"苏格拉底问.

"我猜想是这样.但是,我不知道."士兵回答.

---

① 庄梅.浅谈数学教学中的设疑、质疑、激疑、释疑[J].数学教学通讯,2003(4):18.
② 汪伟.浅议培养学生的数学质疑能力[J].安徽教育,2005(1):27.
③ 据一些资料记载,苏格拉底的母亲是产婆,终身从事生理助产.苏格拉底本人做过教师,因此,他认为自己终身从事精神助产.
④ 袁振国.教育新理念[M].北京:教育科学出版社,2002:143.

"我也不知道.或许它正可以开动你的脑筋.对此你还有什么要说的?"苏格拉底问.

"是的,可以开动我的脑筋.这就是我要说的."士兵回答.

"那么,我们也许可以尝试地说,勇敢是在艰难困苦的时候的镇定——正确地判断."苏格拉底说.

"对!"士兵回答.

【评析】 从这个案例可以看出,苏格拉底注重的是启发受教育者根据自己已有的知识进行独立思考,不断发展自己的思考,得出自己的结论.他对获得问题的过程与方法,以及对获得答案过程中判断力的关心,远远超过对答案本身的关心.苏格拉底认为,理想的教育方法不是把自己现成的、表面的知识教授给别人,而是凭借正确的提问,激发对方的思考,通过对方自身的思考,发现潜藏于自己心中的真理.正像接生婆帮助孕妇依靠自身的力量分娩婴儿一样,教育者也要帮助学生依靠自身的力量去孕育真理、产生真理①.苏格拉底把这种通过不断提问而使学生自己发现、觉悟真理的方法形象地称为"精神助产术"(maieutike,又译"产婆术"②)."产婆术"偏重于教师的发问设计与引导,关注学生思考问题的自然性、合理性,在实际教学中比较便于把握.这种方法现在也被称为"苏格拉底对话法"(socrates dialogue).苏格拉底曾说过:"我所知道的就是我的无知."因此,他把求知的意识和能力看得比知识本身重要得多.

17世纪,捷克教育家夸美纽斯反对教学中机械灌输,主张教学的本质在于发展学生获取知识的能力和独立精神.教师应该用一切可能的方式激发学生的求知欲望,达到启迪学生智慧的目的.最终能"寻求并找出一种教学的方法,使教员可以少教,但是学生可以多学"③.他认为这种方法就是:用对话的形式,诱导学生争相答复,并解释深奥的问题④.

18世纪,法国著名教育家卢梭(J. J. Rousseau,1712—1778)提出了发现教学论.卢梭在《爱弥儿》中指出:问题不在于告诉他一个真理,而在于教他怎样去发现真理⑤.卢梭倡导的发现教学论有如下四个内涵:发现是人的基本冲动;发现教学的

---

① 张华.课程与教学论[M].上海:上海教育出版社,2000:217.
② 涂荣豹教授认为:"愤悱术"和"产婆术"这两种启发式各有优势."愤悱术"更注重学生的独立思考和自由探究,强调关键处的适时点拨,比较难以把握.
③ 夸美纽斯.大教学论[M].傅任敢,译.北京:人民教育出版社,1984:2.
④ 夸美纽斯.大教学论[M].傅任敢,译.北京:人民教育出版社,1984:92.
⑤ 卢梭.爱弥儿[M].李平沤,译.北京:商务印书馆,1978:364.

基本因素是兴趣与方法；活动教学与实物教学是发现教学的基本形式；发现教学指向培养自主的、理性的人格.

19世纪，德国民主主义教育家第斯多惠（Diesterweg,1790—1866）有句名言，"教学就是引起学生智力的积极性"，"一个坏的教师奉送真理,一个好的教师则教人发现真理"[1].

20世纪，"问题教学"的思想开始迅速发展.心理学家、教育学家从各个方面对问题教学进行了深入的研究，卡特金（Kim Cattrall）、列尔涅尔（A. CNYa. Lerner）等教育学家首先在经验水平上对作教学方法的问题教学进行了探讨.前苏联的心理学家马秋斯金，依据思维心理学的研究成果，对问题教学的本质进行了深刻的心理学论证，使问题教学法奠基于新的理论之上[2].马赫特穆多夫（Emin Makhmudov）对问题教学法的研究和推广做出了重大贡献，于1957年出版了专著《问题教学》.

前苏联学者奥加涅相（Khoren Oganesian）对质疑式教学法进行了讨论，把质疑式方法作为使学生在数学教学过程中发挥主动的创造性的方法之一，并结合具体例子说明研究定理和解答习题的质疑方法.

关于学生质疑能力的培养在国外一些国家的基础教育阶段的属性课程标准（方案）中也有明确的要求，如澳大利亚的数学课程方案中就明确提出培养学生的数学质疑能力.

② 对数学质疑式教学的研究

在数学质疑式教学研究方面，数学家波利亚（George Polya,1887—1985）提出了数学探索法[3]，这是围绕"数学的发现"、"怎样解题"、"怎样学会解题"提出的一种教学思想.他的"怎样解题表"给出的是具有启发与指导意义的、让学习者自己领会并归纳出证明方法或发现方法的方法.探索法的目的是要学习发现和创造的方法和规则，找出一般方法或带有普遍意义的一般模式.波利亚强调，在教学中首先和主要的是必须教会学生思考.在"怎样解题"表中，波利亚拟出了启发引导学习者不断转换问题的30多个质疑的问句或建议：把问题转化为一个个等价的问题，把原问题划归为一个个已解决的问题，去考虑一个可能相关的问题，先解决一个个更特殊的问题、或更一般的问题、或类似的问题，那些启发新念头的问句，也往往与问题

---

① 孙培青.教育名言录[M].上海：上海教育出版社,1984：67.
② 宋爱民.在地理课堂教学中探索问题教学法培养学生的质疑能力[D].大连：辽宁师范大学,2006.
③ 乔治波利亚.怎样解题——数学教学法的新面貌[M].涂泓,译.上海：上海科技教育出版社,2003.

转换有关."如果我们不用'题目变更',几乎是不能有什么进展的"——这就是波利亚的结论.

3. 对数学质疑式教学研究的反思

所谓反思是指对曾经在思维活动中出现的问题和解决问题的方法、结论不断思考的心理活动,既表现为对尚未解决问题的上下求索,又表现为对已有解法和结论的挑剔和批判[①].回顾国内外对于质疑式教学的研究历程,从中可以看出,广大教育研究者在继承中外传统质疑式教学思想精华的基础上,不断对质疑式教学思想注入了新鲜的血液,使其逐渐充实和丰富.凭借广大数学教育工作者的不懈追求,已取得了明显的成绩.然而,仍不能忽视目前数学质疑式教学研究中存在的不足,以下几个方面还有待研究者用正确的态度去正视、反思并加以改进.

（1）理论研究与教学实践脱节

对质疑式教学的研究,很多教育工作者意识到了"质疑"的重要性,从理论层面对质疑式教学进行了一些研究,而轻视了理论的实效性和实践性.主要体现在以下两个方面:一方面要求在研究中把握数学学科的特点,体现"数学"特色,避免得到的结论只是对教育心理学的简单演绎.另一方面,一线教师关于质疑式教学的研究从发表文章的数量上看每年都有相关的文章,但大部分研究仍欠缺一定的理论深度.在对有关数学质疑式教学的研究中,多是对教学经验的总结提炼,零零散散,不成体系.因此亟待对数学质疑式教学较为系统和较为全面的展开研究.

小学、初中、高中阶段是学生接受基础教育的重要阶段,三个阶段的自然衔接、相互作用,直接影响着教学的有效实施,最终影响着教育目标的达成.当前小学数学质疑式教学的理论和实践方面积累了一些研究成果,而初中和高中数学质疑式教学的理论研究、教学现状调查、课堂观察和实验研究比较缺乏,特别是高中数学质疑式教学还有待深入去研究.

（2）研究内容涉及面偏窄

目前关于质疑式教学的研究,在质疑学生提出问题和解决数学问题方面的研究比较薄弱.从知识分类的角度看,数学教学应该分为数学概念教学、数学命题教学、解题教学、数学复习课教学、数学思想方法的教学等,而目前的研究中针对各个分类进行研究的几乎没有.

从元认知的过程来考虑,学习过程并不仅仅是对所学材料的识别、加工和理

---

① 罗新兵,罗增儒.数学创新能力的含义与评价[J].数学教育学报,2004,13(2):83.

解的认知过程,而且同时也是一个对该过程积极监控、调节的元认知过程①. 概括起来说,学习的过程既是认知过程,也是元认知过程. 培养元认知能力,是使学生学会学习的有效途径. 元认知能力的高低,直接影响学习的效率. 但从目前质疑式教学研究,对学生进行元认知能力的培养,运用元认知提示语进行数学教学的研究较薄弱.

(3)研究起点视角单一

从已有研究的分析可知,对质疑式教学的研究比较多,而具体到数学学科的质疑式教学的研究则很少. 在对数学质疑式教学的研究中,多是对质疑式教学进行经验层面的探讨. 结合数学案例说明质疑式教学思想在初中数学教学中的运用的微观探讨较少,为了更好地指导实践,质疑式的思想加上数学案例的研究应该是研究的基本取向. 尤其值得一提的是,由于对质疑的目标、质疑的"学什么"、质疑"如何学"等都未形成清晰的认识,使之成为质疑式教学实施的一大羁绊. 因此,对数学质疑式教学的实质、特征、模式建构、策略等问题亟待展开研究.

所谓"质疑"就是学习者在学习过程中提出疑问. "质疑"的主要作用是让问题成为学习者感知和思维的对象,通过质疑可以在学习者心理造成一种悬而未决的求知状态,从而激发起学习者探求新知的欲望. 从质疑的本质来说,质疑意图是让学习者处于"愤"、"悱"的心理状态,从而有助于开展启发式教学.

质疑式教学其实是自古有之、中外有之. 虽然"质疑"和"质疑能力"已经得到教育界的普遍认同,并开展了较为广泛的教学研究,但从整体看,对质疑式教学,特别是数学质疑式教学的理论基础和实践研究还比较薄弱,不成系统,而且研究内容涉及面偏窄,研究方法上有理论和实践脱节的现象,研究的视角也比较单一. 因此,将理论层面和实践层面结合起来,对数学质疑式教学进行更为深入的研究,将有助于深化第八次基础教育课程改革.

---

① 董奇. 论元认知[J]. 北京师范大学学报:社会科学版,1989(1):75.

第4章 数学质疑式教学研究的理论基础

> 为学患无疑,疑则有进.孔门如子贡即无疑,所以不至于道.小疑则小进,大疑则大进.
>
> ——陆九渊

所谓的"理论基础"就是作为研究出发点或研究依据的理论陈述.它本身应具有理论和实践的合理性,而且也应符合相容性、普遍性、清晰性等"理论标准",不但具有解释功能,还有预测功能[①].教学研究是运用科学的理论与方法,有目的、有意识地、有计划地探索教学规律的活动过程.一项富有生命力的研究,要建立在有效的教学理论之上,有坚实的理论支撑,从理论中不断汲取营养.缺乏系统、可靠的理论为指导的教育实践,注定是难以成功的.因此,需要对质疑式教学的理论基础进行冷静的思考、谨慎的实验、积极的探索和研究.

在这一章中,将运用理论探讨法,从哲学视角、教学论视角、学习论视角和思维论视角对质疑式教学的基础理论进行必要的探讨,目的是从理论上为数学质疑式教学研究的开展提供思路和方法的依据.

4.1 质疑式教学的哲学观基础

"质疑"是哲学中一个极其关键的问题.哲学"疑问"总是永恒存在的,这是人的生存方式与生存状况的一种表现.哲学认为:教学不能绕开"疑问",而应通过揭示理论自身的困惑、展现理论观点之间的冲突、暴露理论与现实之间的矛盾等质疑形式.归根到底,"质疑"教学的最终目的是培育学生批判创新的素养[②].这里从认识论、方法论和建构主义等不同的视角来审视数学质疑式教学的哲学观基础.

4.1.1 认识论

人的认识从无到有,经历了一种"生成"的过程,形成了"实践→认识→再实

---
① 陈向明.教师如何作质的研究[M].北京:教育科学出版社,2001:198.
② 黄映然.试论哲学教学的质疑环节[J].玉林师范学院学报,2002:2.

践→再认识"的认知规律①.这种"生成"不是一帆风顺的,需要不断地回顾、质疑、思考.在这种思考中,产生质疑的思维方式.从哲学的层面看虽也含着"反过来思考"、"重新思考"等具体内容,却有更深刻而宽阔的内涵需要揭示出来.质疑是对某个具体事件、某个具体环节持批判的态度,对其"重新思考"、"向后思考",而实质上是对思维与存在统一性问题、人与世界的关系问题本身的思考,是对普遍必然的形上之道的追寻,这种追寻赋予了"质疑式教学"思考的意义.

哲学中的反思把关于世界的全部的思想作为自己的对象,并不是一般意义上的"反复思考",而是以一种特殊的"思辨思维"进行的"对思想的思想",这突出了反思的"思辨性"②.广义地说,质疑式教学中的"疑"就是反思的含义,它指学生对自己学习过程中存在的问题首先进行"质",即持怀疑的态度;其次,对问题进行"疑",即反思.学生在不断地质问自己,反思自己的过程中进步、发展.

4.1.2 方法论

方法论(methodology)是关于研究问题所遵循的途径和路线,在方法论指导下是具体方法,方法(methods)也不止一种,可能有多种方法.如果方法论不对,具体方法再好,也解决不了根本问题③.教学研究的方法论从根本上决定着研究过程及其结果的整体走向和性质.启发式教学作为中国的教学瑰宝,由于它突出学生的主体地位,以学生主动学习为前提,已成为教学法最基本的方法论④.质疑式教学正是在启发式教学思想指导下,为培养学生学会学习的能力,提出的一种有特色的教学方法.

方法论是人们认识世界和改造世界的一般方式、方法的理论体系.方法论研究的对象不是纯方法,也不是纯客观对象本身,而是两者的关系,即方法整体与对象特性的适宜性问题⑤.马克思主义哲学是最普遍的方法论,它探讨一般认识理论和原则问题,深刻揭示了自然、社会和思维的普遍规律.

马克思主义哲学的发展观认为,世界是物质的,物质是运动、变化和发展的;物质的运动、变化和发展是在一定的时间和空间中进行的,它具有多种多样的形式,彼此之间既有区别又有联系,因而使世界既具有多样性,又具有统一性,因之世界

---

① 常春艳.数学反思性教学研究[D].南京:南京师范大学,2008:34.
② 孙正聿.哲学修养十五讲[M].北京大学出版社,2004:238.
③ 宋晓平. 数学课堂学习动力系统研究——实践视界中的数学教学[D].南京:南京师范大学,2006:35.
④ 韩龙淑.数学启发式教学研究[D].南京:南京师范大学,2007:22.
⑤ 叶澜.教育研究方法论初探[M].上海:上海教育出版社,1999:14-16.

上一切事物和现象之间存在着普遍的相互依赖和相互制约的关系①.这就要求用发展变化的眼光来考察事物,关注数学教学中不断发展变化的规律.在数学质疑式教学研究中,要用历史和动态的观点看问题,处理好继承和发扬的关系.一方面,要继承已有研究的精华,并把它们作为最基本的方法论.另一方面,要结合近现代教学理论、数学学科的特点,以及学校的校情,找到适合自身发展的教学方法.

实践观点是马克思主义哲学的首要的基本的观点,它不仅是认识论和历史观的首要的基本观点,而且是世界观的首要基本观点②.毛泽东在《新民主主义论》中说到:"真理只有一个,而究竟谁发现了真理,不依靠主观的夸张,而依靠客观的实践.只有千百万人民的革命实践,才是检验真理的尺度";在《实践论》中提到:"真理的标准只能是社会的实践"③.理论与实践的统一是马克思主义的基本原则.因而,进行质疑式教学模式研究一方面,要关注教学实践,从教学实践中获得事实,从事实研究中探寻规律;另一方面,"没有理论的实践是盲目的实践,没有实践的理论是空洞的理论",该研究要在理论指导下进行实践,在实践的基础上获得对质疑式教学的基本认识,并将这些基本认识再付诸实践,以获得真理性的检验.

4.1.3 建构主义

下面先阐述建构主义的基本观点,其次阐述建构主义对质疑式教学的意义.

1. 建构主义概述

建构主义(constructivism)自 1988 年 ICME-6④(1988 年 7 月 29 日 Budapest,Hungary 召开)上出现以来,就成为国际数学教育界的一个热门话题.由于其强调了认识主体内在的思维建构活动,并且较好地揭示了数学学习的过程和本质,因而日益成为指导当前数学教育的重要教育理论.

建构主义(constructivism)最早起源于瑞士心理学家皮亚杰(Jean Piaget, 1896—1980)的《发生认识论》.皮亚杰认为,认知是一种连续不断的建构⑤,儿童是在与外界环境相互作用的过程中,逐步建构起外部世界的知识,从而使自身认知结构得到发展的.这一相互作用的过程涉及两个基本的过程:"同化"和"顺应".所谓

---

① 任洪彦.论马克思主义哲学发展观和科学发展观的内在统一[J].青岛大学师范学院学报,2004,21(4):5-6.
② 肖前.论实践观点是马克思主义哲学首要的基本的观点[J].教学与研究,1996(3):41.
③ 《光明日报》特约评论员.实践是检验真理的唯一标准[N].光明日报,1978 年 5 月 11 日.
④ ICME is International Congress of Mathematical Education(国际数学教育大会)的简写.1969 年在法国里昂召开了第一届国际数学教育大会(ICMEⅠ).
⑤ 所谓建构,指的是结构的发生和转换,只有把人的认知结构放到不断的建构过程中,动态地研究认知结构的发生和转换,才能解决认识论问题.

"同化",指学习个体对刺激输入的过滤或改变的过程.而"顺应"则指学习者调节自己内部结构以适应特定刺激情境的过程.正是通过"同化"和"顺应"这两个基本过程,儿童的认知结构在"平衡→不平衡→新的平衡"的循环中逐步建构起来,并得到不断丰富、提高和发展的.对于这一过程,如图 4.1 所示①

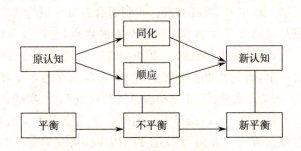

图 4.1　皮亚杰的认知发展示意图

这一图示,将儿童逐步建构新的认知结构的过程清晰地展现出来.

在皮亚杰的《发生认识论》的基础上,科恩伯格(O. kernberg)、斯滕伯格(R. J. sternberg)、卡茨(D. katz)、维果茨基(Vogtsgy,1896—1934)等人,对建构主义理论进行了发展.其中,科恩伯格对认知结构的性质与发展条件等方面作了进一步的研究;斯滕伯格和卡茨等人强调个体的主动性建构在建构认知结构过程中的关键作用,并对认知过程中如何发挥个体的主动性作了认真的探索.而维果茨基却从辩证唯物主义的立场对儿童智力的发展过程作了深入的研究,并指明了社会环境在这一发展过程中的重要作用.正如欧内斯特(P. Ernest)所说"社会建构主义的一个共同的出发点就是维果茨基的理论,尽管不同的研究者对此作了不同的说明",维果茨基的工作为现代的社会建构主义奠定了基础.

到了 20 世纪 80 年代中期,以冯格拉斯弗尔德(Van. Glaserfield)为代表的建构主义学者正式提出建构主义理论.此后,建构主义理论不仅为人们广泛接受,而且已成为教育的热门话题之一.很多学者致力于建构主义理论的研究,这些研究促进了建构主义理论的发展,使建构主义时至今日,内容已相当丰富,并形成了许多流派.但建构主义的核心内容,我们可以用一句话来概括:认识并非主体对于客观实在的简单的被动的反映,而是一个主动建构的过程,在建构过程中主体已有的认知结构发挥了特别重要的作用.

---

① 这里主要参阅了:朱维宗,唐敏. 聚焦数学教育——研究生学术沙龙文集. 昆明:云南民族出版社,2005:43-44.

2. 建构主义对质疑式教学的意义

欧内斯特(Ernest)指出,数学知识具有社会建构性,这是因为"数学知识的基础是语言知识、约定和规则,而语言知识是社会建构;个人的主观数学知识发表后转化为客观数学知识,这需要社会性的交往与交流;客观性本身应该理解为社会的认同。"①这不但肯定了个体具有主观数学知识,而且强调个体与社会的相互作用对主观知识的形成及数学知识的增长都发挥了重要的作用,这就指明了数学知识是一种社会建构,或者说,数学知识的建构具有社会性. 郑毓信教授认为数学建构活动是在数学传统指导下的、具有形式特性和高度抽象性的活动,而数学建构是一种主动的建构活动②. 这在承认数学知识具有客观性的同时,也表明了从知识的本质来看,数学知识是主观的.

① 以建构主义指导数学质疑式教学符合数学的特点及人类对数学的认知过程. 人类对数学的认知从真理到实证主义,从绝对主义到逻辑主义,然后又从直觉主义到形式主义. 现代数学的发展,进一步揭示了这么一个事实:所谓数学的绝对性证明或者普遍接受的证明是不存在的③. 绝对主义的数学哲学观破灭了,人们开始从信念的误区中挣脱出来,将审视的目光由对数学知识的判定转向了数学知识的生成. 正如欧内斯特在1991年指出,数学知识具有社会建构性,因为数学归根结底是人类活动. 质疑教学旨在给学生挖一个坑,让他们掉下去,教师再把他们拉起来. 这样做的目的是让他们亲身经历数学活动,自主建构数学知识. 因此,以建构主义指导数学教育教学符合数学特点及人类对数学的认知过程.

② 建构主义关注教学的过程多于关注教学的结果. 关注教学过程,就是关注学生在学习中怎样思考,特别是怎样数学地思考,以及在思考的过程中怎样去建构知识. 由于质疑式教学在教学过程中不断通过质疑、启发学生的思维,而不是直接告知学生结果,这种教学方式更能体现建构主义关于教学和学习的主张.

③ 以建构主义指导数学质疑式教学符合时代需求及国际数学教育发展的趋势. 数学质疑式教学是在素质教育要求下被重新提出来,一改以往数学教学单纯通过传授使学生接受数学知识的境况. 它注重人的主体性的发展,充分肯定数学学习过程的再创造,最终培养学生的合作精神、创新精神和创造能力. 因而,建构主义为转变以往满堂灌的课堂教学模式,形成新的教学模式——质疑式教学模式提供了理论基础.

---

① Paul Ernest.数学教育哲学[M].齐建华,张松茅,译.上海:上海教育出版社,1998:51-52.
② 郑毓信,梁贯成.认知科学建构主义与数学教育[M].上海:上海教育出版社,2002:157.
③ 朱维宗,唐敏.聚焦数学教育——研究生学术沙龙文集[C].昆明:云南民族出版社,2005:47.

4.2 质疑式教学的教学论基础

数学教学作为教学的一种形式,应具有与教学相同的一般属性和特点.而教学目的在教学过程中实现,教学内容在教学的过程中传授和获得,学生的学习活动在教学过程中进行,教学的基本规律存在于教学过程的发生发展之中.因此,只有深刻认识数学教学过程,才能掌握数学教学的规律[1].教学过程是教师向学生传递知识,并使学生掌握知识的过程.对教学过程理解的不同,教师的教学观念、教学方法也会不同,学生所获取的知识的质量也就不同.总之,对"教学"这个概念的理解,反映着人们对"教学"这一事物的本质性把握.

4.2.1 "教学"即"教学生学"

一方面,从词义上理解,"教学"这个词应该包括"教"和"学"两方面,即"教学"是教授和学习之义.韩愈曰:"师者,传道、授业、解惑也."这就意味着,传统意义上的"教",就是"传道、授业、解惑",即"把知识、技能传给别人".在这样的理解下,在整个"教与学"的过程中学生是处于被动地位的,被传道、被授业、被解惑的,是接受知识的容器,而不是知识的主人,这样学生缺少主体意识和主动精神.既然"教"就是"传、授、解",因而教师处于权威地位,在这种权威的传统教学模式中,教师总是千真万确的,学生不允许质疑,不敢质疑,也没有质疑.长此以往,学生从难以接受,到被迫接受,再到习惯接受,丧失了学习的主动性、自主性和能动性.这也导致了学生创新意识的丧失,质疑能力的薄弱.

另一方面,著名教育家陶行知先生认为,先生的责任不在教,而在教学,在教学生学[2].教学生学就是要解决学生的知与不知的矛盾,具体来说,也就是要解决学生由未知到已知、由片知到全知、由知少到知多等的矛盾转化过程.所以,在教与学的矛盾中,矛盾的主要方面在于学,而不是在于教.这对教师的地位和作用进行了定位,教师并非为教而教,而是为学而教."学"是学生自己的事情,任何人包办代替不得,强制不得.在课堂教学中,学生才是主角,教师只是配角.

在观课中发现,昆明市部分学校数学课堂中学生质疑能力较差,课堂大多数学生都是"良民".而质疑精神的培养不是教出来的,而是鼓励出来,是培养出来的,它

---

[1] 涂荣豹.数学教学认识论[M].南京:南京师范大学出版社,2003:225.
[2] 方明.陶行知教育名篇[M].北京:教育科学出版社,2005:1.

需要发芽、生长的土壤.这必然引发这样一个问题:学生质疑能力发芽、生长的土壤是什么?这是一个值得深入思考的问题.这就需要有一些做法或者说是一种新的教学的模式来改变这种状况,在此基础上提出了数学质疑式教学.

4.2.2 教学二重原理

"教学二重原理",指的是"教与学,教与数学"对应的数学教学二重原理.数学教育是学科教育,是与数学分不开的教育.如果数学教育不是把"教与数学对应起来",就不能称其为"数学"教育.因此,数学教育不仅仅研究教育,更要研究教育中的数学,即把教育与数学对应起来[1].

首先,教与学原理强调了教的过程应以学的过程为依据进行设计和实施.由著名心理学家皮亚杰提出的"教与学对应的原理"源于夸美纽斯"教育适应自然"[2]的思想[3]."教与学对应"的原理作为教学论研究的方法论,奠定了近代以来的教学论研究的基础,布鲁纳把这个原理表述得更为清楚,即"教的理论是以学的理论与发展的理论为基础"[4].从这个意义上看,若要改变课堂教学中"灌"的情况,就必须从学生学的角度展开研究,关注学生的学习,及其学习的主动性和质疑能力的发展.

其次,教与数学对应的原理强调教学过程的"数学味",即教师要以数学的敏感、理解和洞察,发现、研究和解决数学教学中特有的问题.如分式方程的教学过程中,解完分式方程要进行验根.有的教师常常就告知学生"解分式方程一定要记得验根".可为什么要验根呢?这个问题就讲解的不是那么透彻了.这些教学方法都是因为教师对分式方程的本质没有认识清楚,以至于在教学中无法以"疑"为"启",从学生"学"的角度指导学生学习.

因此,根据"教学二重原理",在教学中应把疑问也作为教学设计的一个逻辑起点,按照数学发展的演绎过程和逻辑规律,进行质疑性的教学设计和实施.

4.2.3 教学"交往说"

教学过程是整个学校教育中的核心组成部分.教学目的、教学内容、学生的学

---

[1] 涂荣豹.论数学教育研究的规范性[J].数学教育学报,2003(11):4.
[2] 教育适应自然的原理是指:教学以自然为鉴的原理,即教学要根据儿童的天性、年龄、能力进行;教学要遵守循序渐进的原则,教学要遵循知识本身的形成顺序,一步一步,由易到难地进行.
[3] 涂荣豹.数学教学认识论[M].南京:南京师范大学出版社,2003:4.
[4] 常春艳.数学反思性教学研究[D].南京:南京师范大学,2008:34.

习活动、教学的基本规律等都要在教学过程中进行.教学过程是教师向学生传递知识,并使学生掌握知识的过程.对教学过程本质的认识,部分研究者(叶澜,1991)将它归属于"交往活动",即"教学活动是教师的教和学生的学组成的双边活动",是"发生在师生间的一种特殊的交往活动"[1].这就是说,所有的教学活动都是一种交往活动.教学作为社会中的一种特殊交往活动,从社会学的角度分析,在交往行动联系中,只有那些作为交往团体的成员,能按照主体内部已认可的运用要求来安排自己行动的人,才可能有健全的判断力[2].

为此,数学质疑式教学的实施中,首先要对学生进行分组,让他们确立一个质疑式教学的共同体.让每一个人在团体中发挥自己的优势,同时能从其他的团体成员中取长补短.在数学质疑式教学中,学生和学生之间、学生和老师之间都要形成一个质疑式教学的共同体,这样的教学才是有效的.

处于数学质疑式教学共同体中的成员要保证质疑的合理性.教学的合理性就是师生按照社会的应用标准解释并得到了自己想要的认知发展过程.为了实现这种合理的教学,教师必须向共同体中的学生解释他所认为"合理的事情",即客观的数学知识,而且要尽可能地让学生认可他的解释,那么就必须和学生有相同的背景环境,才容易实现质疑式教学的合理性[3].在教学中,交往存在着师生间的交往和学生间的交往,它最普遍的一个表现形式就是学生学习过程中的质疑发问.数学质疑式教学中要创造一种平等的对话环境,才能让学生有更多的机会去质疑发问,交流自己的思维活动,这样也才能促进师生、生生之间的相互了解.对于课堂教学中的交流,主要是引导学生相互质疑,质疑别人这样做对不对,为什么要这样做,不这样做还能怎么做.在质疑的过程中可以使学生思想清晰,逻辑清楚.

总之,教学的"交往说"确立了教学行为是一种社会性行为,就意味着"质疑式教学"实践也可按照社会行为的观点,把教学环境构建为一种社会性环境,也就是强调教与学是师生间一种对话关系,而不是一种权威关系,是师生之间合作的、整体的、注重个性的过程,而实现这个过程最好的方式就是构建一种以"互动"为特征的质疑式教学模式[4].

---

[1] 李定仁,徐继存.教学论研究二十年[M].北京:人民教育出版社,2001:58.
[2] 哈贝马斯.交往行动理论:第1卷——行动的合理性和社会合理化[M].洪佩郁,蔺青,译.重庆:重庆出版社,1994:30.
[3] 常春艳.数学反思性教学研究[D].南京:南京师范大学,2008:34.
[4] 这里主要参考:常春艳.数学反思性教学研究[D].南京:南京师范大学,2008:39-40.

4.3 质疑式教学的学习论基础

按照"教与学对应的原理",数学教学应建立在学生对数学学的基础之上,因此对数学教学的认识必然要以对数学学习的认识为基础.数学学习是数学教学过程中的中心问题,也是数学教学认识论的核心概念[①].

人类对学习的认识经历了由行为主义到认知主义的发展过程.行为主义认为,学习是指"刺激——反应"之间联结的加强;人本主义则认为,学习是自我概念的变化;认知学派认为,学习是指认知结构的改组.施良方在分析了上述学派的观点以及探讨了本能、成熟、成绩与学习的关系之后,认为"学习是指学习者因经验而引起的行为、能力和心理倾向的比较持久的变化.这些变化不是因成熟、疾病或药物引起的,而且也不一定表现出外显的行为"[②].进而,数学学习可以认为是学生通过获得数学知识经验而引起的行为、能力和心里倾向的持久的变化.

下面论述能为数学质疑式教学研究提供学习论基础的有意义学习理论、元认知学习理论以及自我监控理论.

4.3.1 有意义学习理论

维特罗克(M. C. Wittrock)指出,学习的过程是个体不断生成意义的过程[③].奥苏贝尔(D. P. Ausubel)在教育心理学中最重要的一个贡献,是他对有意义学习的描述.下面具体来阐述有意义学习理论.

1. 有意义学习理论概述

奥苏贝尔认为有意义接受学习理论的核心是[④]:学生能否习得新信息,主要取决于他们认知结构中已经有的有关概念;有意义学习是通过新信息与学生认知结构中已有的有关概念的相互作用才可以发生的;由于这种相互作用的结构导致了新旧知识的意义的"同化".为了阐明自己关于有意义接受学习的理论,奥苏贝尔首先明确地区分了接受学习与发现学习、有意义学习与机械学习之间的关系.奥苏贝尔所提出的"接受学习和发现学习"及"意义学习和机械学习",是根据两个互不依存彼此独立的准则划分的.前者是根据学习的材料及其学生认知结构的关系来分

---
① 涂荣豹.数学教学认识论[M].南京:南京师范大学出版社,2003:149.
② 施良方.学习论[M].北京:人民教育出版社,2001:5.
③ 马兰.生成学习方式及其在小学教学中的探索[J].全球教育展望,2004(5):61.
④ 朱维宗,唐敏.聚焦数学教育——研究生学术沙龙文集[C].昆明:云南民族出版社,2005:144.

的;后者是根据学生进行学习的方式来分的.根据有意义接受学习的两个先决条件(外部条件和内部条件,见有意义学习接受学习的条件)来说,不管学习的材料内容含有多大的潜在意义,如果学生的学习心向是要逐字逐句去记住它,学习的过程及其结果必然是机械的、无意义的.反之,不管学生具有怎样的有意义学习心向,如果学习的材料内容纯属联想,学习过程及其结果也就不可能是有意义的.两种分类相互独立,成为正交,如图 4.2

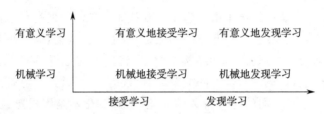

图 4.2 有意义学习、机械学习、接受学习与发现学习之间的关系

当前学校里的许多学科都有一定的组织体系,大多数的学习材料以言语或文字呈现.因此,课堂教学的组织常以接受学习的方式为主.

2. 数学有意义学习理论的实质

数学有意义学习的实质是数学的语言或符号所代表的新知识与学习者认知结构中已有的适当知识建立非人为的实质性的联系[①].

(1)有意义学习的成长点:认知结构中已有的适当知识

与新知识有关的"适当知识",可称为有意义学习的生长点.所谓适当知识,是指学生认知结构已有的,与新知识存在某种联系的那些知识[②].这些知识可以是数学知识,也可以是其他方面的知识、经验或者某种观念.如,在八年级上册,学习分式方程时,方程的概念、方程的解、解一元一次方程的一般步骤、去分母的依据等数学知识就是与学习分式方程有一定关系的"适当知识";又如,在七年级上册,学习相反数时,距离的概念等生活常识,"相反的意义"等有关观念,都是与学习相反数有一定联系的"适当知识".

但是,学生头脑中的认知结构中已有的某些知识,如果与新知识不存在什么联系,那这些知识对新知识来说,尽管是"已有知识",但却不是"适当的知识".可见,这里所谓的"适当知识"是与新知识"有关"的知识.

(2)"非人为和实质性的联系"

[①] 邵瑞珍.教育心理学[M].上海:上海教育出版社,1985:31.
[②] 涂荣豹.数学教学认识论[M].南京:南京师范大学出版社,2003:160.

学生所学的新知识,与认知结构中已有的适当知识,本身就存在某种固有的联系,这种联系就是"非人为和实质性的",它们只是目前存在于不同的载体中,学生如果能把两者原有的"非人为和实质性的"联系认识出来,建立起来,也就建立了"非人为和实质性的"联系[①].

例如,在九年级学习二次函数这个概念时,函数、一次函数等都和它有联系.这种联系是数学体系内部的,知识与知识之间逻辑上的继承和发展的关系,是知识间的内在联系.因此,这种联系就是"非人为的和实质性的"联系.当然,如果学生把新知识与自己认知结构中不适当、不相关的知识强行联系起来,就不是"非人为的和实质性的"联系,而是"人为的和实质性的"联系.例如,$\lg(x+y)=\lg x+\lg y$,发生这样的错误就是"人为的"联系,所产生的就不是有意义学习.

3. 有意义学习理论对数学质疑式教学的意义

有意义学习理论对数学质疑式教学的指导意义主要有以下两点:

(1)数学质疑式教学中要唤起学生认知结构中已有的"适当知识".与新知识有关的"适当知识"是新知识有意义学习的生长点,因而,在质疑式教学中要关注学生认知结构中已有的"适当知识",排除"已有知识",但不是"适当知识"的干扰.

(2)数学质疑式教学中要建立"非人为和实质性的联系",尽力避免"人为和非实质性的联系".由于"非人为和实质性的联系"是数学体系内部,知识之间逻辑关系上的联系,对数学学习是有意义的.而"人为和实质性的联系"是学生把新知识与自己认知结构中不适当、不相关的知识强行地联系,这会导致学习过程中错误的发生.因而,数学质疑式教学中要尽量通过"质疑"等手段帮助学生建立"非人为和实质性的联系".

4.3.2 元认知学习理论

现代认知心理学的研究表明了学习过程不仅仅是对所学材料的识别、加工和理解的认知过程,而且也是一个自我调节和自我监控的过程.认知过程的有效性,在很大程度上取决于元认知的运行水平[②].元认知是20世纪70年代认知领域出现的一个新名词,它在实践上对于开发学生的智力,解决"教会学生如何学习"等问题具有十分重要的意义.培养学生创新精神的有效切入点——提出数学问题已成为数学教育改革的一颗新星,它必将为实施素质教育注入新的活力.下面对元认知与

---

① 涂荣豹.数学教学认识论[M].南京:南京师范大学出版社,2003:161.
② 涂荣豹.数学教学认识论[M].南京:南京师范大学出版社,2003:302.

数学质疑式教学的关系进行一些探讨.

1. 元认知学习理论概述

弗莱维尔(J. H. Flavell)认为,元认知是指人们对涉及自己认知过程方面的知识或与自身知识过程相关的知识[1]. 按照弗莱维尔的观点,元认知就是对认知的认知,其实质是个人对认知活动和结果的自我意识,进行自我评价、自我控制、自我调节,得到自我体验等. 从元认知的角度考虑,学习并不仅仅是对所学材料的识别、加工和理解的认知过程,而且同时也是一个对该过程进行积极监控、调节的过程[2].

弗莱维尔认为元认知包括三个方面的内容,即元认知知识、元认知体验和元认知监控.

① 元认知知识就是关于认知的知识,即人们对于什么因素影响人的认知活动的过程和结果,这些因素是如何起作用的,又是怎样相互起作用等问题的认识.

② 元认知体验是伴随着认知活动而产生的认知体验和情感体验. 一般说来,元认知体验特别容易发生在能激起高度自觉思维的场合,因为在这种情况下,通过自己的深思熟虑能捕获更多的机会去思考和体验自己的思维.

③ 元认知监控就是主体在进行认知活动的全过程中,将自己正在进行的认知活动作为意识对象,不断地对其进行积极的监控、调节,以期达到预定目标. 学习自我监控主要有能动性、反馈性和调节性等特征.

2. 元认知学习理论对数学质疑式教学的意义

元认知学习理论对数学质疑式教学的意义主要有以下几个方面:

(1)加强学习方法的指导

学习方法是人们学习活动所应遵循的原则以及采用的程序、方式、手段[3]. 在具体的学习活动之前,可以指导学生分析学习情境,结合自己的特点和经验,根据面临的学习任务提出个人学习目标或需要解决的问题,选择方法策略,构想出解决问题的可能方法并预测其结果.

在数学质疑式教学实施中,课前由学习目标进行引领,让学生通过课前复习、预习来质疑,让他们初步知道学习的方法、顺序,并进一步理解学习目标;在课堂中可以质疑数学思考和解题的方向、估计所用的方法. 教师要帮助学生养成良好的学

---

① SCHOENFELD, H. (1992). learning to think mathematically. problem solving, nretacognition and sense making in mathematics. In D. A. Grouws(ED). Hana' book of research on mathematics teaching and learning:347. New York:McMillan.

② 宋运明,吕传汉. 元认知与提出数学问题[J]. 贵州师范大学学报:自然科学版,2004,22(1):97.

③ 郭玉峰,潘冬花. 从元认知的角度分析高中数困生的成因及其转化[J]. 数学教育学报,2006,15(1):25.

习习惯,如按照预习(质疑、在教科书或学案上勾画出概念、重点、难点、知识点等)、听课、记笔记(记录学习内容的重点、难点、知识点、关键点)、复习及整理笔记、认真完成作业、进行必要的改错、小结和巩固等步骤,指导他们反思和监控学习过程的每一环节及完成情况.

(2)加强学习过程中的监控、调节训练

在学习活动进行的过程中,要指导学生学会不断质疑、检查、反馈和评价学习活动进行的各个方面,分析发现学习活动中存在的问题及其原因,调整学习行为和学习方法.

元认知可以弥补一般能力倾向的不足,它是作为与一般能力倾向相对独立的一种因素起作用的[①].因而,在数学质疑式教学中要重视学生的数学元认知活动,培养元认知能力.

4.3.3 自我监控理论

自我监控(self-monitoring;self-regulating)自 M. Snyder(1972)博士提出后,受到心理学界的广泛关注.他认为自我监控是一个人在自我表现方面的心理结构,广义的自我监控是指由社会性的情境线索引导的个体对自己进行的自我观察、自我控制和自我调节的能力.具体来说,自我监控就是某一客观事物为达到预定目标,将自身正在进行的实践活动过程作为对象,不断地对其进行的积极、自觉的计划、监察、检查、评价、反馈和调节的过程.它强调主体对自己的思维、情感和行为的监察、评价、控制和调节.从狭义上讲,自我监控就是指人对自身活动的自我意识和自我控制,通过自我意识的监控,可以实现人脑对信息的输入、加工、储存、输出的自动控制.这样,人就能控制自己的意识从而相应的调节自己的思维和行为,能及时发现智力活动过程中存在的问题,并做出相应的调节,从而加强活动的目的性、自觉性,减少盲目性、冲动性,提高智力活动的效率和成功的可能性[②].

在观课的过程中,发现昆明市第十九中学的学生在对自己思维、情感和行为的监察、评价、控制和调节等方面欠佳.例如,遇到不会解答的题目就搁在那,不能有效地对自己的思维进行监控;对做错的题目不能进行反思等.期望通过质疑式教学的开展,使学生主动质疑,由依赖走向独立、由他控走向自控,从而实现个体自我发

---

① SWANSON H L. Influence of metacognitive knowledge and aptitude on problem solving[M]. Journal of Educational Psychology,1990,82(2):306.

② 李祥兆.基于问题提出的数学学习——探索不同情境中学生问题提出与问题解决的关系[D].上海:华东师范大学,2006:31-32.

展.而自我监控能力是元认知能力的一个重要组成部分,由于元认知的实质是主体对认知活动的自我意识和自我调节,所以在学习过程中,它是高于一般认知能力的能力.对元认知技能较高的学习者的研究发现:在进行学习或解决问题过程中,保持足够清醒的问题意识是他们的主要特征,他们能够通过不断地提出问题来监控、调节学习策略的使用[①].因此,对知识等持怀疑的态度是培养学生元认知水平和自我监控能力的重要途径.

4.3.4 "最近发展区理论"与"支架理论"

下面论述"最近发展区"理论和"支架理论"对数学质疑式教学的指导意义.

1. "最近发展区"理论概述

维果茨基(Lev. S Vygotsky,1896—1934)是前苏联早期一位才华横溢的杰出心理学家,苏联心理学界的勇敢先驱,马克思主义心理学的创始人之一.他主要研究儿童发展与教育心理,着重探讨思维和言语、儿童学习与发展的关系问题.他提出的"最近发展区"理论受到了教学工作者的普遍重视,在教学实践中发挥着重要的作用.

儿童在成人指导和帮助下演算的习题水平与他在独立活动中能演算的习题水平之间存在差距,这个差距就是儿童的最近发展区(见图4.3).由此,在确定发展与教学的可能关系时,要使教育对学生的发展起主导作用和促进作用,就必须确立学生发展的两种水平:一是其已经达到的发展水平,表现为学生能够独立解决问题的智力水平;二是他可能达到的发展水平或潜在的发展水平,但要借成人的帮助,在集体活动中,通过模仿,才能达到解决问题的水平.维果茨基特别指出:"我们至少应该确定儿童发展水平的两种水平,如果不了解这两种水平,我们将不可能在每一个具体情况下,在儿童发展进程与他受教学可能性之间找到正确的关系."[②]

"最近发展区"概念强调了教学在发展中的主导性、决定性作用,揭示了教学的本质不在于"训练"、"强化"业已形成的内部心理机能,而在于激发、形成目前还不存在的心理最近发展区机能.因此,"只有走在发展前面的教学才是好的教学".这一概念表明,儿童的文化发展机制总体上表现为从"最近发展区"向"现有发展水平"的转化,而"最近发展区"的一般意义正在于强调.在儿童那里,发展来自于合作,发展来自于教学[③].

---

① 邵瑞珍.教育心理学[M].上海:上海教育出版社,1985:31.
② 维果茨基.维果茨基教育论著选[M].余震球,译.北京:人民教育出版社,2005:385.
③ 朱维宗,唐敏.聚焦数学教育——研究生学术沙龙文集[C].昆明:云南民族出版社,2005:178.

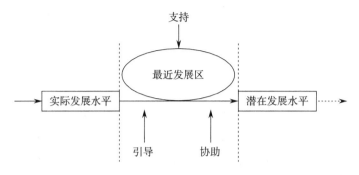

图 4.3　最近发展区示意图

维果茨基指出,只有当儿童在自己的发展中达到一定的成熟程度时,一定的教学才有可能进行.传统的教学是以儿童的现有发展水平为依据的教学,它定向于儿童思维已经成熟的特征,定向于儿童能够独立做到的一切.然而,这只能是教学的最低界限.维果茨基提出的"最近发展区"理念,正是为了使人们注意到对于教学十分重要的一个事实:除了最低教学界限外,还存在着最高教学界限,这两个界限之间的期限就是"教学最佳期"①,如图 4.4 所示.

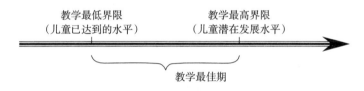

图 4.4　教学最佳期示意图

"教学最佳期"是由最近发展区决定的.最佳期的教学之所以能干预发展的进程并对其施加决定性的影响,就是因为处于最近发展区内与教学相应的发展程序尚未完成,心理机能尚不成熟,因而教学有可能以一定的形式组织这些机能的进一步发展并决定其今后的发展情况.由此可见,早于或晚于这一最佳期的教学对于儿童的心理发展都会产生不良影响,这是因为在最佳期以外进行的教学,或因超出最近发展区而无法对那些尚未成熟的心理机能施加影响,或因停留于现有发展水平而不能有效地促进心理机能的发展.总之,教学过程具有自己的结构、自己的顺序、自己的发展逻辑.因此,发展过程并不总是符合教学过程的,发展过程跟随着建立最近发展区的教学.虽然教学和儿童的发展过程有着直接的联系,但是它们永远不

---

① 维果茨基.维果茨基教育论著选[M].余震球,译.北京:人民教育出版社,2005:388.

是同一的或相互平行的.儿童的发展不会像物体投下的影子那样追随着学校的教学.

2."支架理论"概述

西方学者在将"最近发展区"的理念与教学实践相结合的时候,提出教师应该完成的三项任务:第一,评估.教师在进行教学时,首先应该对儿童进行动态性的评估,检测学生对某一现实问题的理解能力,包括推理能力、背景知识、认知兴趣等.第二项任务是学习活动的选择,即选择恰当的活动目标,使学习任务能适应学生的发展水平,而不至于过难或过易.此外,除了选择任务外,教师还应该决定如何呈现任务.这一过程的目标是通过教师和学生对任务的共同理解而产生理解的共享.理解的共享十分重要,因为它标志学生通过参与问题的解决而获得发展的起点.教师可以通过两个方面来保证理解的共享:一是将任务嵌在有意义的情境中,以取代用抽象方式提出大量问题;二是通过对话帮助学生分析他们所面对的问题,以达到理解的共享.第三项任务是提供教学支持以帮助学生成功地通过最近发展区.在这儿,研究人员从建筑行业借用了"脚手架"(scaffolding)这一用语.当学生快达到另一个比较高的层次的发展水平,然而事实上还没有达到的时候,他正处于最近发展区.这时候,一方面,教师不能够完全将学生的探索过程包办;另一方面也不能对学生的困难置之不理.因此,教师更多的是发挥一种脚手架的作用.脚手架可以有不同的种类,如教师模拟、出声的思维、问题等.重要的是,当学生已经内化了这些过程时,脚手架就应该及时拆除,否则会严重阻碍学生的发展.而且,教师在给学生提供教学支持时要注意适可而止,要给学生提供适当的、足够的支持,但不要提供过多的不必要的支持,以促进学生能独立地完成自己的学习任务[①].

3."最近发展区理论"和"支架式"理论对质疑式教学的意义

"最近发展区理论"和"支架式"理论对质疑式教学的意义有以下几点:

首先,数学质疑式教学中要求教师要更新自己的教学观念.教学与发展是一种社会和合作活动,它们是永远不能被"教"给某个人的,它适于学生在他们自己的头脑中构筑自己的理解.而正是在这一过程中,教师扮演着"促进者"和"帮助者"的角色,指导、激励、帮助学生全面发展.

其次,数学质疑式教学中,教师要深入了解自己的学生,摸清楚学生的最近发展区.接着,教师要考虑这样几个问题:选择哪一时间开始教学?最低教学界限是

---

① 朱维宗,唐敏.聚焦数学教育——研究生学术沙龙文集[C].昆明:云南民族出版社,2005:178.

什么?最高教学界限又是什么?进而,尽可能合理地确定教学最佳期.在确定了教学的最佳期以后,教师要为学生搭建"脚手架"."脚手架"的作用只是帮助、扶持,这就意味着教师不能包办学生的思考、探索过程.在质疑式教学模式中最好的"脚手架"就是"质疑",包括师生、生生等之间的质疑.

4.4 质疑式教学的思维论基础

爱因斯坦(Einstein,1879—1955)说过:"单靠知识和技巧,不能使人类走上幸福高尚的生活."① 英国教育家爱德华·德波诺(Edward de Bono,1933—)认为:"教育就是教人思维"②.然而,思维不会凭空发生,思维起于岔路的疑难,起于两歧的取舍③.也就是说思维起于直接经验到疑难和由此产生的问题,疑难、问题是思维的催化剂,把学生催化进入愤悱状态,再对其思维进行质疑,能使学生的求知欲由潜伏状态进入活跃状态,从而有力地调动学生思维的积极性和主动性,是开启学生思维器官的钥匙.

4.4.1 系统思维是质疑式教学模式研究的重要工具

系统论是关于研究一切系统的模式、原理和规律的科学.处在相互联系中,与环境发生关系的各个组成部分的整体,即是系统④.系统思维(system thinking)最早出现于 20 世纪 60 年代,给系统思维明确界定的是切克兰德,在著名的《Systems Thinking:Systems Practice》一书中:"'系统思维'这个短语意指对外在于我们世界的思维,并且是借助于'系统'概念,按极似爱因斯坦在下列段落中展望方式进行的⑤"."作为思维的方式,系统思维也是一套概念框架或话语体系,可以运用它来整理我们的思想,这是各种思维方式的共性;而作为一种特殊的思维方式,系统思维的个性是借助'系统'这个词所把握的整体性概念来整理我们的思想,强调把握对

---

① 涂荣豹.数学教学认识论[M].南京:南京师范大学出版社,2003:302.
② 李如密.教学艺术论[M].济南:山东教育出版社,1997:216.
③ 约翰·杜威.思维与教学[M].孟宪承,译.上海:商务印书馆,1936:10-13.
④ 查有梁.控制论、信息论、系统论与教育科学[M].成都:四川省社会科学出版社,1986:85.
⑤ "思维"是什么呢?当接受感觉印象时出现记忆形象,这还不是"思维".而且,当这样一些形象形成一个系列时,其中某个形象引起另一个形象,这也不是"思维".可是,当某一形象在许多这样的系列中反复出现时,那么,正是由于再现,它就成为这种系列的一个起支配作用的元素,因为它把那些本身没有联系的系列连接起来.这种元素成为一种工具,一种概念.爱因斯坦认为,从自由联想或者"做梦"到思维的过渡,是由"概念"在其中所起的或多或小的支配作用来表征.

象的整体性,强调把思维成果系统化"①.

数学课堂是一个复杂的系统.数学质疑式教学中,一方面要用系统思维分析教师、学生、教学内容、教学媒体、教学环境等课堂要素;另一方面,要用系统思维方式来整理个体的思想,强调把握对象的整体性,强调把思维成果系统化.

4.4.2 "混序"思维

"有序"一般是指事物发展过程中的稳定性、规律性、一致性、重复性等,"无序"是指事物发展过程中的无规律性、变易性、不确定性、随机性和偶然性等②.法国哲学家埃德加·莫兰(Edgar Morin)在其著作中指出,世界既不可能是纯粹有序的,也不可能是纯粹无序的,因为在一个只有无序性的世界里,任何事物都将化为乌有而不可能存在,而在一个只有有序性的世界里,万物将一成不变,不会有新东西产生.所以,世界的基本特征是有序性和无序性的交混.如果这种有序性与无序性的交混称之为"浑序",那么"浑序"就是一种混沌边缘有序的形态,是一种既强调有序又关照无序的认识事物的新观念,是一种从无序中寻找有序的思维方式③.

教学活动作为一种组织化、制度化的活动,是离不开一定的秩序和纪律的.教师在教学开始之前,需要有一定的计划、设计,在教学中进行一定的干预和控制,也是符合教学规律的,没有适度的有序,教学就无法进行.然而,井然有序的教学使教师的权威得以确立、意志得以贯彻的同时,如果对蕴含生机和变化的教学过程预设得太细、控制得过死,就会造成教学的僵化和刻板,使学生居于被动、压抑的状态,抑制学生主体性的发挥和创造力的发展.

实际上,教学过程中经常和谐地结合着无序和有序两种特性.课堂组织看似"有序"却也充满了各种混乱的可能,各种"无序"因素看似干扰了当前的课堂组织却是生成新的"有序"的征兆.正是在这样的"有序"和"无序"的相互作用下,构成了合理的教学组织形态④.

所以,在数学质疑式教学中,要求人们应重视"浑序"思维在课堂管理中的运用,强调"浑序"思维在教学分析中的作用.如果在教学中只注重有序思维,那么教学就不会有变化、革新和创造,创新型人才也就很难脱颖而出;反之,如果在教学中

---

① 宋晓平.数学课堂学习动力系统研究——实践视界中的数学教学[D].南京:南京师范大学,2006:36.
② 刘耀明.二课堂教学中的有序与无序[J].上海教育科研,2001(10):48.
③ 金吾伦.复杂性组织管理的含义、特点和形式[J].系统辨证学学报,2001(4):24.
④ 李祎.数学教学生成研究[D].南京:南京师范大学,2007:33.

只注重无序思维,那么教学也无以维系下去.只强调有序思维或无序思维的教学,都是片面的、残缺的和有害的.

4.5 数学质疑式教学研究的理论评述

数学质疑式教学的哲学观基础是指引教师形成动态的、发展的、人文的教学观,解决教师在特殊情境中的认识性问题.数学质疑式教学的教学论基础是从教育者的角度寻觅数学质疑式教学的教学原理,从教师"教"的角度来阐述的.而学习论基础是从教学主体之一——学习者的角度,立足以学定教来论述的.数学质疑式教学的思维论基础,是为开展质疑式教学提供一种思维的方式或方向,以指导数学质疑式教学的实施.基于此,归纳得到数学质疑式教学研究的理论基础应具备的关系(见图4.5).

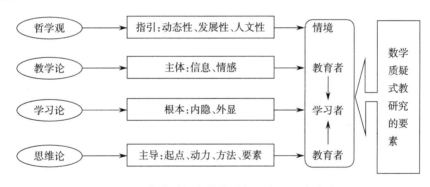

图 4.5 数学质疑式教学研究理论基础关系图

朱永新教授认为:"教育科研需要关注鲜活的教育生命:一是关注教室里发生的事情,二是关注教师和学生的生存状态."[1]初中数学质疑式教学研究是基于数学学科特点的教学研究,在选取研究的理论基础时,既注重教育理论的指导性,也注意教育理论的可实践性.

数学教育是学科教育.因此,数学教育不是仅仅研究教育,更要研究教育中的数学,即把教育与数学对应起来[2].从数学教育研究层面来看,要突出对数学本质的理解,避免数学教育研究中的"教育理论"化倾向,提高数学教育研究的"数学味".从数学教学研究角度来看,"问题并不在于教学的最好方式是什么,而在于数学到

---
[1] 见:《教育研究》杂志创刊30周年纪念座谈会.教育研究的时代使命[J].教育研究,2009(5):24.
[2] 涂荣豹.论数学教育研究的规范性[J].数学教育学报,2003(4):2-5.

底是什么……如果不正视数学的本质问题,便解决不了教学上的争议"[①].因而,数学质疑式教学要在对学生的质疑中,让学生明白数学是什么,学会思考、学会学习.

这一章首先从哲学观、教学论、学习论和思维论四个角度探讨了数学质疑式教学研究的理论基础.这些理论从各自的视角对数学质疑式教学的开展提供了较为充分的理论支持;同时,这些理论也一致表明:教学就是教学生学会学习.这些理论从不同的侧面,为数学质疑式教学的实施提供了动力的基础、质疑的条件和质疑的策略.

这一章还对研究所选取的理论进行了剖析和评述,探寻它们在该项研究中各自所处的维度以及它们之间的联系;最后对理论的选取获得了这样的认识:既要注重理论对实践的指导性,也注意理论的可实践性.

[①] PAUL ERNEST. 数学教育哲学[M]. 齐建华,等译. 上海:上海教育出版社,1998:Ⅶ.

第 5 章　数学质疑式教学研究的实践基础

科学与知识的增长永远始于问题,终于问题——愈来愈深化的问题,愈来愈能启发大量新问题的问题.

——[奥地利]波普尔

实践是认识的基础,是认识得以丰富、发展的源泉.关注时代,贴近现实是现代教学理论建构的内在要求.教学理论研究应将思考的触角伸向现实的教学实践,进而做出冷静而非人云亦云、科学而非臆想的理解和阐释[①].在教学实践中,现实的教学问题既是教学理论的着眼点,又是研究的依据和理论来源,是丰富和发展教学理论的实践基础.

建立在实践基础上的理性认识的逻辑出发点是问题[②].鉴于此,数学质疑式教学研究除以相关的理论为指导外,还需对数学质疑式教学的实践有一个较全面和正确的认识,从中汲取经验、发现问题,并以此作为建构数学质疑式教学理论的研究基点.这一章就当前一线数学教师对质疑式教学的认识和困惑有哪些,昆明市第十九中学的学生对数学质疑式教学的看法如何,昆明市第十九中学的学生的学习基本情况是如何,昆明市第十九中学数学课堂数学教师的教学现状如何,进行调查研究和课例研究.

5.1　调查研究——实践依据之一

调查研究是以提问的方式收集资料,以确定各种事实间的联系或关系的方法.通过口头或书面方式的调查,研究中可以迅速地收集到大量的资料,在此基础上对调查的事实进行分析、推理,确定事物间的一定关系、来龙去脉、当前现状,甚至可以预测其发展变化,以筹划将来的发展[③].对数学质疑式教学现状表现的研究是开展此项研究中的重要一项内容,主要通过对问卷和访谈数据的分析来探讨该问题.

---

① 徐继存.教学理论反思与建设[M].兰州:甘肃教育出版社,2002:130-135.
② 王晖.方法论新编[M].上海:上海财经大学出版社,1997:138-140.
③ 刘电之.教育心理学研究方法[M].重庆:西南师范大学出版社,1997:228.

教育调查是一种有目的、有计划的活动,需要有严格的工作程序.教育调查的顺序大致可以分为以下四个步骤:前期准备(确定调查目的、选取调查对象、草拟调查提纲,制定调查计划)——实际调查,收集资料——整体和分析数据——得出结论.按照教育调查的顺序,这一章根据调查内容实施调查,最后得出调查的结论等.调查结果的分析是这一章的重要内容.

5.1.1 调查内容

美国教育家布鲁巴克(Brubacher)曾说:"最精湛的教育艺术,遵循的最高准则,就是学生自己提出问题."①因为学生提出问题,提出自己的疑惑,这样,学生的学习不再是一种异己的外在力量,而是一种发自内心的精神解放运动.昆明市第十九中学的学生学习的基本情况如何,是需要急切知道答案的问题.然而,教学是师生双方共同的活动,知道了学生的基本情况,还急需知道教师对培养学生质疑能力、指导学生学会学习是如何看待的,有些什么做法,以及教龄、年龄、性别等和对质疑教学的看法是否有相关关系,等.而只有建立在事实和数据基础之上的研究才显得有生命力和现实意义,为此开展了这项调查研究,希望为后继研究中教学策略的建构提供现实的依据,为教师进一步改进教学提供参考.调查的具体内容为:

① 通过对初中数学教师开展集体访谈、个别访谈、讨论和问卷调查,了解昆明市第十九中学数学教师、2011年上半年参加"云南省省级骨干教师培训项目"的学员以及参加2011年"云南省农村骨干教师培训项目"的学员对培养学生质疑能力和质疑式教学理念的看法;

② 通过访谈、问卷调查和课堂观察,分析昆明市十九中学数学课堂教学存在的问题和特点,对实施质疑式教学的困惑和已形成的经验;

③ 通过问卷调查、课堂观察、案例片段分析、教学行为评价的方式,了解目前昆明市第十九中学的学生质疑的基本情况.

5.1.2 对教师调查的结果和分析

调查是从教师和学生两个维度进行的,这里先阐述对教师调查的结果和分析,对学生的调查结果的分析留待后面阐述.由于昆明市第十九中学的数学教师较少,样本不全,故对教师的调查分为两类:第一类是对昆明市第十九中学的数学教师的调查,第二类是对云南省参加省级骨干教师培训的数学教师的调查.

---

① 布鲁巴克.西方教学方法的历史发展[A].载:瞿葆奎.教育学文集.教学(中册)[C].北京:人民教育出版社,1988:421.

1. 初中数学教师对质疑的重要性的认识

(1)问卷数据编码.对昆明市第十九中学数学教师的编码从1开始连续编号至15,对骨干教师的编码采用从1开始连续编号直至68,然后录入数据,用SPSS17.0软件分析.基本情况的录入直接用编号1或2代替,而选项直接输入答案.

(2)教师调查问卷.《初中数学教师课堂教学基本情况调查问卷》对昆明市第十九中学和参加"省培计划"培训的骨干教师发放.对昆明市第十九中学数学教师发放问卷15份,对参加"省培计划"培训的骨干教师发放问卷68份.抽样调查的教师职称和教龄情况见下图5.1至5.4.

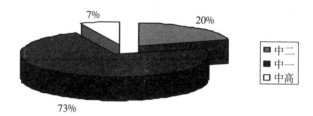

图 5.1　昆明市第十九中学数学教师职称情况分布图

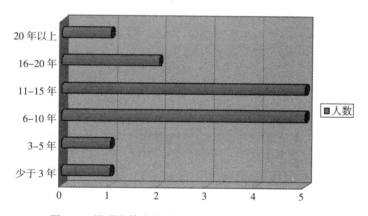

图 5.2　昆明市第十九中学数学教师教龄情况分布图

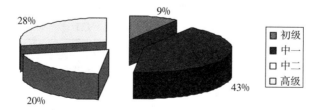

图 5.3　骨干教师职称情况分布图

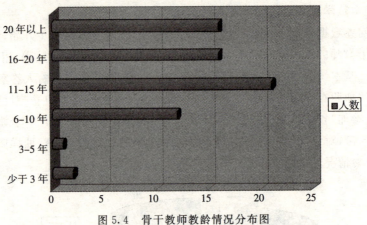

图 5.4 骨干教师教龄情况分布图

(3) 调查结果.

第一,初中数学教师对开展质疑式教学感兴趣程度.

① 通过《初中数学教师课堂教学基本情况调查问卷》的第二部分的第 1 题的调查得知,昆明市第十九中学数学教师对开展质疑式教学很有兴趣的教师占总人数的 20.00%,较有兴趣的教师占总人数的 26.70%,认为一般的教师占总人数的 53.30%,见表 5.1. 云南省初中数学骨干教师培训班的教师对质疑式教学很有兴趣的教师占总人数的 58.82%,较有兴趣的教师占总人数的 32.35%,认为一般的教师仅占总人数的 8.82%,见表 5.2.

表 5.1 昆明市第十九中学数学教师对开展质疑教学感兴趣程度统计表

第十九中学数学教师对开展质疑教学感兴趣情况

		频率	百分比	有效百分比	累积百分比
有效	很有兴趣	3	20.0	20.0	20.0
	较有兴趣	4	26.7	26.7	46.7
	一般	8	53.3	53.3	100.0
	合计	15	100.0	100.0	

表 5.2 省级骨干教师对开展质疑教学感兴趣程度统计表

省级骨干教师对开展质疑式教学感兴趣程度

		频率	百分比	有效百分比	累积百分比
有效	很有兴趣	41	60.3	60.3	60.3
	较有兴趣	22	32.4	32.4	92.6
	一般	5	7.4	7.4	100.0
	合计	68	100.0	100.0	

由表 5.2 可见,被调查的教师们总体上对实施质疑式教学很有兴趣,持支持、肯定的态度.但是对比昆明市第十九中学的数学教师和省级骨干教师又会发现,省级骨干教师们对开展质疑式教学的感兴趣程度远远超过昆明市第十九中学的数学教师.

② 昆明市第十九中学的数学教师和省级骨干教师在对开展质疑式教学模式实验的感兴趣程度方面是否存在显著差异?为了回答这个问题,把数据输入 SPSS17.0 中.由于教师类别(昆明市第十九中学数学教师和省级骨干教师)和对开展质疑式教学感兴趣程度是两个独立的量,因而对数据进行皮尔逊卡方检验,得到如下的结果(见表 5.4):

表 5.4　教师类别和对开展质疑式教学感兴趣程度检验表

卡方检验

	值	df	渐进 Sig.(双侧)
皮尔逊卡方	20.479[a]	2	.000
似然比	16.881	2	.000
有效案例中的 N	83		

a. 2 单元格(33.3%)的期望计数少于 5.最小期望计数为 2.35.

由表 5.4 得知,皮尔逊卡方值:皮尔逊卡方=20.479,P=.000<0.01,所以否定教师类别和对开展质疑式教学感兴趣程度不相关假设,认为教师类别和对开展质疑式教学感兴趣程度有很强的相关性.

③ 调查的骨干教师学校所在地有城市和乡镇,城市和乡镇的教师对开展质疑式教学的感兴趣程度有显著差异吗?同样把数据输入 SPSS17.0 中,对数据进行皮尔逊卡方检验,得到如下的结果(见表 5.5 和 5.6):

表 5.5　学校所在地与对实施质疑式教学感兴趣程度的交叉制表

学校所在地 * 感兴趣程度 交叉制表

计数

		感兴趣程度			合计
		很有兴趣	较有兴趣	一般	
学校所在地	1	20	7	3	30
	2	21	15	2	38
合计		41	22	5	68

注:1 代表城市学校;2 代表乡镇学校.

表 5.6 学校所在地与开展质疑式教学感兴趣程度皮尔逊卡方检验结果

卡方检验

	值	df	渐进 Sig.（双侧）
皮尔逊卡方	2.223ᵃ	2	.329
似然比	2.259	2	.323
有效案例中的 N	68		

a. 2 单元格(33.3%)的期望计数少于 5.最小期望计数为 2.21.

从表 5.6 得知,皮尔逊卡方值:皮尔逊卡方＝2.223,P＝.329＞0.01.结合表 5.5 可看出,城市学校和乡镇学校对开展质疑式教学感兴趣程度不存在显著差异.

第二,质疑式教学在教会学生学会学习能力方面的作用.

① 通过《初中数学教师课堂教学基本情况调查问卷》的第一部分的第 2 题的调查结果(见图 5.5 和 5.6)可知,昆明市第十九中学大部分数学教师认为质疑式教学对学生学会学习的能力很有帮助和有些帮助,有部分教师认为帮助一般,还有个别教师认为完全没有帮助.而大多数的骨干教师们认为质疑式教学对学生学会学习能力很有帮助和有一些帮助,没有骨干教师认为质疑式教学对学生学会学习能力的帮助一般和完全没有帮助.正如在访谈中问及一位骨干教师:"实施质疑式教学对您的学生学会学习有帮助吗?"教师的回答是:"当然有啊! 毋庸置疑!".

② 多数教师认为开展质疑式教学对学生学会学习能力很有帮助,这样的认识和教师类别有关系吗? 由于教师类别和教师对开展质疑式教学对学生学会学习是否有帮助是两个独立变量,因而对这两个变量进行皮尔逊卡方检验,得到如下的结果(见表 5.7):

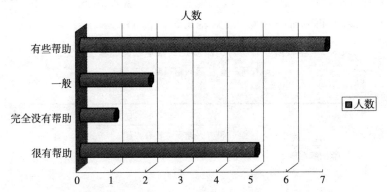

图 5.5 昆明市第十九中学数学教师对实施质疑式教学对学生学会学习能力帮助的认识情况统计图

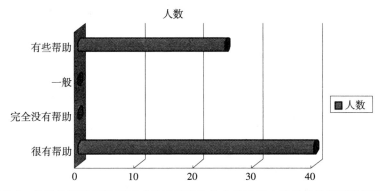

图 5.6 骨干教师对实施质疑式教学对学生学会学习能力帮助的认识情况统计图

表 5.7 教师类别与认为开展质疑式教学对学生学会学习帮助程度皮尔逊卡方检验结果

卡方检验

	值	df	渐进 Sig.（侧）
皮尔逊卡方	15.357[a]	3	.002
似然比	12.231	3	.007
有效案例中的 N	83		

a. 4 单元格(50.0%)的期望计数少于 5. 最小期望计数为.18.

从表 5.7 得知，皮尔逊卡方值：皮尔逊卡方＝15.357，P＝.002＜0.01. 由此可知，教师类别和认为开展质疑式教学对学生学会学习帮助程度存在显著差异.

③ 多数教师认为开展质疑式教学对学生学会学习能力很有帮助，这样的认识和教龄有关系吗？由于教龄和教师对开展质疑式教学对学生学会学习是否有帮助是两个独立变量，因而对这两个变量进行皮尔逊卡方检验，得到如下的结果（见表 5.8 和 5.9）：

表 5.8 教龄和开展质疑式教学对学生学会学习能力的指导作用

教龄 * 对学生学会学习的能力帮助 交叉制表

计数

		对学生学会学习的能力 2		
		很有帮助	有些帮助	合计
教龄	11～15 年	13	9	22
	16～20 年	11	5	16
	20 年以上	9	7	16
	3～5 年	0	1	1
	6～10 年	6	4	10
	少于 3 年	2	1	3
合计		41	27	68

表 5.9　教龄与对学生学会学习能力的帮助的卡方检验

卡方检验

	值	df	渐进 Sig.（双侧）
皮尔逊卡方	2.170[a]	5	.825
似然比	2.514	5	.774
有效案例中的 N	68		

a. 5 单元格(41.7%) 的期望计数少于 5. 最小期望计数为 .40.

从表 5.9 得知,皮尔逊卡方值:皮尔逊卡方＝2.170,P＝.825.结合表 5.6 可看出,教龄和质疑式教学对学生学会学习能力不存在显著差异.

2. 初中数学教师引导学生质疑的现状

目前在中学数学课堂中,教师们都有意识或无意识地运用了一些质疑式教学的策略或手段,下面从教学的几个环节了解当前教师们质疑的现状.

(1)备课环节,教师对质疑的认识

根据对昆明市第十九中学数学教师和骨干教师一共 83 份问卷的统计,得到如下结果(见表 5.10):在备课时,6.0%的教师总是考虑到要在某个环节让学生进行质疑,42.2%的教师经常考虑在某个环节让学生进行质疑,51.8%的教师有时会考虑让学生在课堂的某个环节进行质疑.

表 5.10　备课时考虑到让学生质疑的情况

备课时考虑某环节让学生质疑

		频率	百分比	有效百分比	累积百分比
有效	经常	35	42.2	42.2	42.2
	有时	43	51.8	51.8	94.0
	总是	5	6.0	6.0	100.0
	合计	83	100.0	100.0	

(2)在课堂上,引导学生进行质疑的情况

① 通过图 5.7 得知:在课堂上一半以上教师经常在课堂上引导学生进行质疑,相当多的教师有时会在课堂上引导学生进行质疑,部分教师总是在课堂上引导学生进行质疑,而没有教师从不在课堂引导学生进行质疑.这说明教师们是很重视在课堂上引导学生进行质疑的,培养学生的质疑能力.但是,在观课中又发现教师们对质疑的方法和手段缺少研究,质疑的效果不显著.

图 5.7 教师在课堂上引导学生质疑的情况

② 教龄对教师引导学生质疑的行为相关性分析.

通过表 5.11 了解到,在课堂上"经常"引导学生进行质疑的教师是最多的,其中教龄主要集中 11～15 年.而在课堂上"总是"引导学生进行质疑的 8 名教师中,有 3 名教师的教龄是 20 年以上,占了被调查总人数的 37.5%.经常在课堂上引导学生进行的教师中,教龄大部分都在 11 年以上.教龄和在课堂上引导学生进行质疑没有显著的相关性,见表 5.12.

表 5.11 教龄与教师课堂上引导学生进行质疑的行为分析

教龄 * 课堂上引导学生进行质疑情况 交叉制表

		课堂上引导学生进行质疑情况			合计
		经常	有时	总是	
教龄	11～15 年	14	11	1	26
	16～20 年	8	9	1	18
	20 年以上	9	5	3	17
	3～5 年	0	1	0	1
	6～10 年	11	4	2	17
	少于 3 年	1	2	1	4
合计		43	32	8	83

表 5.12 教龄与课堂上引导学生进行质疑的卡方检验

	值	df	渐进 Sig.（侧）
皮尔逊卡方	8.521[a]	10	.578
似然比	8.857	10	.546
有效案例中的 N	83		

a. 10 单元格(55.6%)的期望计数少于 5.最小期望计数为.10.

3. 对影响质疑式教学开展因素的调查

就开放式问题:您认为影响初中数学质疑式教学开展的因素有哪些？对 83 位

数学教师进行问卷调查,之后对问卷进行统计.被调查教师提出了许多影响初中数学质疑教学的因素,对这些因素进行归纳整理后,归结为三个方面的因素:学生因素、教师因素以及一些客观因素.具体如下:

因素1:学生基础、已有的知识结构、学习习惯、学习兴趣.

因素2:教师的观念、教师的能力和水平、质疑的方式、问题的引入及合理性.

因素3:升学压力、教学时间、评价体系、学生的配合、注重短期效应.

对学生学习情况的调查使用的是《中学生数学学习情况问卷调查(前测)》表(见附录A),调查的结果将在第5章中论述,这里不再赘述.

5.2 课例研究——实践依据之二

数学课堂是数学教学生活的主要场所,深入课堂教学田野,对课堂进行观察和描述,并对相应的数学教学录像做进一步的研究,以把握当前昆明市第十九中学数学教师教学的现状是值得思考的问题.教师作为数学课堂教学的组织者,其对数学教学的理解和认识直接影响教学的有效性,因此有必要从教师的教学观、课堂教学现状等几个方面探寻昆明市第十九中学数学教学的现状,从中把握昆明市第十九中学数学课堂教学中的特点、经验和问题.这些经验和问题将为开展质疑式教学研究提供实践基础.

这一节中的课例研究是以分析从2011年3月份以来昆明市第十九中学课堂教学实录来展开的[①].首先以录像拍摄完整的课堂教学情况,然后反复观看录像,以记录稿的形式进行研究分析,从中去发现数学课堂教学中存在的问题.

5.2.1 对数学本质的认识有待提高

依照新加坡数学教育家李秉彝先生的说法,数学教育必须做到八个字:"上通数学,下达课堂".所谓上通数学,就是必须理解数学知识的内涵,揭示数学的本质.但是,在备课和数学教学设计中,教师们对数学内容的表示、数学本质的揭示有所缺失.

教师对数学本质的认识,对其数学教学观有极大影响.Thompson(1992)讨论了教师对数学本质的三种看法.第一种是问题解决的观点,这种观点认为数学是人类创造和发明的一个不断扩展的领域,是一个调查、了解、不断充实知识的过程.数

---

① 由于条件的限制,进行教学录像的课一共4节,这里主要是对这4节课的分析,其他课进行了录音,并根据课堂记录表做了课堂记录.

学不是一种既定的结果,数学的结论是不断修正的,具有很大的开放性.第二种是柏拉图式的观点,这种观点把数学看成是静态的、统一的知识体系,认为数学不是创造的,而是发现的.第三种是工具主义的观点,这种观点把数学看做是学生要使用的一些事实、法则和技巧的集合[①].传统观下,数学教师一般把数学看做是一个静态的、统一的知识体系或者是一些事实、法则和技巧的集合,在教学上也就导致了机械传授、照搬公式的做法,这与素质教育的宗旨是相违背的.在对观课和教学录像的分析中,也有类似的现象.而数学本质往往隐藏在数学形式表达的后面,这就需要数学教师们在教学中加以揭示.下面看一个案例片段:

【案例片段】 6.1.1 有序数对[②]

……

师:"同学们,请用有序数对的方式,说一说你的位置."

(同学们都在大声说自己的位置,用时3分钟)

师:"请说出你好朋友的位置."

(老师让班上很多同学都说了自己的好朋友的位置,用时3分钟)

接着老师出示了一张电影院的座位图:

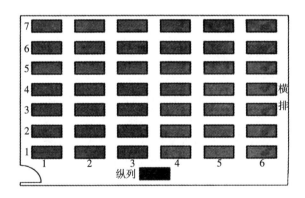

然后,教师指定电影院中具体的座位,让同学们用有序数对来表示.(用时6分钟)

……

【反思】 这个案例中,教师对平面直角坐标系的本质理解不够透彻.浅层次理

---

① 李祥兆.基于问题提出的数学学习——探索不同情境中学生问题提出与问题解决的关系[D].上海:华东师范大学,2006:102.

② 这个案例收集于2011年3月5日,执教的是GJ老师,在昆明市第十九中学借班上课,是质疑式教学的研究课.

解位置,是用一对有序数确定位置的坐标,因而教师进行了大量游戏活动——说自己的位置、说好朋友的位置、说电影院中座位的位置,一共用时 12 分钟.表面上看,这节课很热闹,学生参与性很高,兴致也很高涨,但教师真正揭示了平面直角坐标系的本质了吗？其实,这节课里这样生活化的活动,不能增加学生对坐标系的理解.用一对数确定位置,是地理课的任务,连语文课都可能处理几排几座这样的问题.实际上,平面直角坐标系的本质在于用"有序数对"所满足的方程来表示点的运动轨迹,即"数形结合"的思想[1].引入坐标系的第一节课,拿位置作为教学的铺垫是可以的,但是,更重要的是要引导学生观察和思考：两个坐标都是正数的点构成什么区域？横坐标(纵坐标)为 0 的点是什么图形？要让学生能够进行这样的观察和思考.在教学设计中,教师就应该对质疑式提示语的设计和使用做深入的分析和思考.

5.2.2 教师的教学观急需更新

一个墨守成规的教师对于学生创造性的发展无疑是一种近乎灾难的障碍[2].而观念影响着人们的行为,教师的数学观念会影响教师对数学课程的理解、设计以及在课堂上所采取的行为(Clark & Peterson 1996).因而,作为一名教师,需要不断地更新自己的教学观.课题组在对观课和教学录像的分析中,发现了课堂教学中存在下面一些问题：

1. 课堂上学生主体地位体现不够

教学是一种对话,这种对话包括教师与学生的对话,学生与学生的对话,学生与教材的对话,学生自己与心灵的对话,这种对话不是语言上简单的你来我往,而是属于内心深处的具体体验.数学教学应该是以激励学习为特征,以学生活动为中心的实践模式,而不是传授知识的权威模式[3].然而,在观课的过程中,我们发现教师们往往着眼于学生懂了多少公式和定理,学生总是静听着老师宣讲犹如天上掉下来的格言般的规则,使得在学生眼里,数学就是一堆现成的定理和公式,是技巧的堆砌,虽然正确但刻板而枯燥,对这些知识的来龙去脉以及如何运用,学生全然不知,致使学生成了知识的容器.下面看一个案例片段：

【案例片段】 16.3 分式方程(2)[4]

……

---

[1] 张奠宙,宋乃庆.数学教育概论[M].2 版.北京：高等教育出版社,2009：108.
[2] 叶澜.新编教育学教程[M].上海：华东师范大学出版社,1991：15.
[3] 涂荣豹.数学教学认识论[M].南京：南京师范大学出版社,2003：24.
[4] 这个案例片段收集于 2011 年 3 月 8 日,执教的是 CJ 老师.为了能更有效地对这堂课进行分析,我们对这堂课进行了录音.

师:"请同学们回到本章引言中的问题:一艘轮船在静水中的最大航速是20千米/时,它沿江以最大航速顺流航行100千米所用时间与以最大航速逆流航行60千米所用的时间相等,江水的流速为多少?"

(教师读完这个题目,然后进行了如下的分析)

师[①]:"通过题意我们列出方程$\frac{100}{20+v}=\frac{60}{20-v}$. 发现这是一个分式方程的应用题,其实我们不用关心这是分式方程还是整式方程,只要解出来就行了. 怎么解呢?我们前面已经解过. 请×××同学上黑板解答."

(片刻后)

师:"同学们已经算出来$v=5$,说明计算还是比较过关的,如果没有算出来$v=5$,说明你计算不行."

……

师:"接下来,我们再来解一个分式方程:$\frac{s}{x}=\frac{s+50}{x+v}$."

(停留片刻,教师对这个题目进行了分析)

师:"这个题目字母很多,因为人们在生活中不关心具体的数据是多少,就用字母来代替,这样的实际问题在生活中是存在的. 大家在解的时候把它当做已知就可以了."

……(让学生解了一会)

师:"大家解出来左边是谁?"

(学生沉默)

师:"是x嘛!"

师:"×××同学上黑板上做."

(这个时候,我们巡视了教室,很多同学都不会做,等板演的同学做好了,这些同学开始抄黑板上的内容.)

【反思】 听完这堂课,最大的感受是:教师是在陈述一节课,而不是在教学. 教师是把这个知识,以及需要注意的地方,讲解式地告知学生. 教师像录音机一样,将知识告知学生,学生成了知识的接受者,而非知识的建构者. 这样将数学中火热的思考变成了冰冷的美丽.

在观课过程中,还发现教师们在课堂教学活动中,对学生的关注有些偏颇. 用

---

① 这里完全引用了教师说的原话,没有做任何的修改. 目的是为了更真实、清楚地还原这个教师的教学过程,展示教师的教学行为.

《初中数学课堂教学听课记录表》对一堂数学课教师在教室的活动进行记录,如图5.8.

从图5.8可以看出,教师教学中的活动主要集中在讲台的左边,且活动主要集中在靠窗子边的第1组、第2组和第3组.图中画的黑点代表师生之间有互动.师生的互动主要集中在第1组、第2组、第3组、第4组,忽视了对第5,6组同学的关注.在师生互动中,有的学生被问到3次以上,有的一次也没有被问到.教师对学生的关注的技巧和与学生沟通的技巧还有待提高.

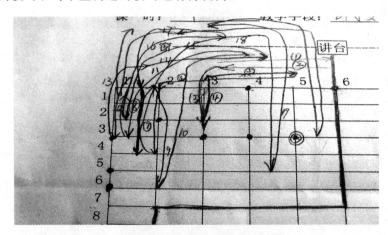

图 5.8 教师教学活动路径图

注:黑点表示被教师提问的学生,黑点外围的圆圈表示又一次被教师问到.

2. 倚重形式提问和认知提问,轻实质性的质疑与元认知质疑

实施"问题提出"的教学目的是培养学生的问题意识,而学生问题提出能力的提高又为进一步培养学生的创造和创新能力提供了基础.教师要相信学生,创造不是仅有的一些天才学生的专利,人人都有创新的潜能,人人都有创造的欲望,每个学生都能进行发现和创造.在教学中,教师应把学生视为自主的、发展的、有潜力的个体,要充分发挥学生的主观能动性,培养学生主体参与意识和创新意识,开发学生的创造潜能.

选取已有的《各种提问行为类别频次统计表》[①]作为《初中数学课堂教学中各种提问行为类别频次统计表》(附录E)对4节课中的提问进行统计[②].表5.13是对观察的6节课的提问情况.

① 顾泠沅,易凌峰,聂必凯.寻找中间地带[M].上海:上海教育出版社,2003:8-9.
② 限于篇幅,这里只展示一节课的记录表.

表 5.13　4 节数学课例中提问情况统计表

课题	常规管理性问题	记忆性问题	推理性问题	创造性问题	批判性问题
分式方程(2)	10	21	8	1	0
勾股定理(1)	9	11	48	2	2
二次根式复习	5	5	29	2	0
直角三角形应用的复习	7	16	21	1	0

下面是 CJ 老师上的 16.3 分式方程(2)的统计结果.

(1)教师提出问题类型

《初中数学质疑式教学模式中各种提问行为类别频次统计表》中,将教师行为类别分为 5 个维度:A. 提出问题的类型;B. 挑选回答问题的方式;C. 教师解答方式;D. 学生回答的类型;E. 停顿. 下面是 CJ 老师这堂课观察的结果:

① 提出问题类型情况

观察表中教师的提问行为分为 5 种类型:常规管理性问题、记忆性问题、推理性问题、创造性问题和批判性问题. 整堂课教师提问有 42 次之多,其中没有质疑性问题,创造性问题也是凤毛麟角. 具体见图 5.8.

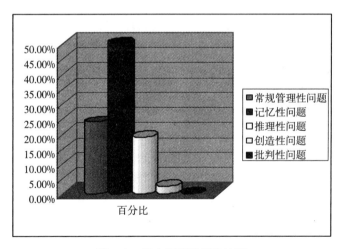

图 5.8　提出问题类型统计图

从图 5.9 中可以看出,教师在多达 42 次的提问中,记忆性问题占到了 50%,其次是常规管理性问题,再次是推理性问题,而创造性问题和批判性问题几乎没有. 可见,教师在设问方面需要改进.

② 学生回答类型情况

观察表中从5个维度来看学生回答的情况,这5个维度是:无回答、机械判断是否、认知记忆性回答、推理性回答和创造评价性回答.观察结果如图5.9.

由图5.9可见,学生的回答以机械判断是否的回答和记忆性回答居多,其次是无回答,再次是推理性回答,而创造性评价回答几乎没有.

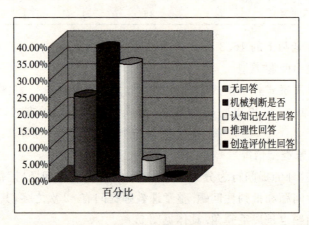

图5.9　学生回答类型情况统计图

综上,根据教师提出问题的类型和学生回答问题的类型的图表,以及课堂亲身观察的感受,这堂课教师主导了课堂教学,学生的主体地位没有得到充分的体现.教师对教学的理解、对教师地位和学生地位的把握还需要进一步深化.

善待问,保护学生的思维幼芽是培养学生创新意识的基础.正如《学记》所指出的:"善待问者如撞钟;叩之以小者则小鸣,叩之以大者则大鸣;待其从容,然后尽其声,不善答问者反此."意思是说,善于答问的人,如同对待撞钟一样,撞得轻就响得小,撞得重就响得大,从容地撞,从容地响,不善答问的人恰恰与此相反[①].如果学生问的问题小而浅,教师就不可以自炫博学,小题大做一番;如果学生问的问题大而深,教师就不可以偷懒藏拙,敷衍了事.浅显的问题就应浅明地答复,深刻的问题就应深入地分析.如何质疑学生主动积极的思考问题,并善待这些问题是当前数学教学中的薄弱环节和值得探讨的课题.

3. 倚重质疑思维结果,轻于质疑思维过程

通过观课,发现教师在课堂教学中,倾向于质疑学生获得问题的思维结果.教师头脑中对问题已有一个预设的答案,学生头脑中还没有,于是就通过质疑来引导

---

① 傅任敢.学记译述[M].上海:上海教育出版社,1981:21-23.

学生逐步逼近教师期待的结果,而对这一结果如何获得的思考过程和思维方法启发较少,出现了重质疑思维结果,轻质疑思维过程的偏颇.

下面来看一个案例片段:

【案例片段】 19.3 等腰梯形的判定①

师:"通常学习了性质,就应该学习判定了.通常判定是性质的逆命题.前面我们学习等腰梯形的性质,今天来学习它的判定."

(下面是自主探索的环节)

师:"请观察四边形 ABCD,同学们猜猜有哪些方法可以证明它是等腰梯形?"

(教师首先让学生写出已知、求证,接着教师进行了分析)

师:"要证四边形 ABCD 是梯形,该怎么办?"

(停顿数秒)

师:"显然是要不要作辅助线?"

生:"要."

(教师直接作出了辅助线)

……

【反思】 在这个课例中,作辅助线是这节课的难点,也是学生不容易想到的.教师对"为什么作辅助线"、"怎么作"没有揭示的很清楚,这是因为在教师的头脑中,已经知道要作辅助线,教师急于告知学生这样一个结果.数学教学是数学思维活动的教学.教师不应急于告知学生为什么这题要作辅助线,以及如何作,而应该通过质疑揭示思维的过程.

教师在学生的整个学习过程中,应以学生认知上的疑难、困惑为逻辑起点不断释疑解难,从"无"到"有",从"不知"到"知",使学生不断经历数学化的过程,感受理性思维的熏陶,发展对事物的认识力.

5.2.3 教师的数学专业基础知识需要深化

百年大计,教育为本,教育大计,教师为本,教师的教育日益受到人们的关注.1681 年,法国"基督教兄弟会"神甫拉萨尔(La Salle)于法国兰斯(Rheims)创立了世界上第一所师资培训学校,这是教师职业专业发展制度的起点②.数学教育专业作为数学和教育组成的双专业,一方面数学教师要有扎实的专业基础知识,才能胜任教师的工作.正所谓,"给学生一杯水,自己要有一桶水."另一方面,数学教师要

---

① 这个案例收集于 2011 年 5 月 7 日,执教的是 GK 老师.
② 许凤琴.教师教育与教师专业化[J].高等师范教育研究,2003:3.

有深厚的教育教学理论知识.在扎实的数学专业基础知识和深厚的教育教学理论知识的基础上,才能在通往优秀数学教师的大道上迈进一大步.然而,一些数学教师的专业基础知识还是有待于夯实.

下面看一个案例片段:

【案例片段】 7.1.1 三角形的边[①]

一、教学任务分析

本章内容是线段、角、平行线的延续,而且三角形在生活中见得较多,又是研究其他图形的基础,所以本节"三角形的边"对于激发学生的学习兴趣就显得尤为重要.针对教材内容和学生的生活实际,这节课要组织学生感悟、概括出三角形的概念和三角形的三边关系,引导学生分析解决问题,在动手的基础上发现一些结论;教师可以借助于教具、图形、多媒体、展台等教学手段,从直观的感性认识中发现抽象的概念,使学生成为探求知识的主体.三角形的边包括以下三部分内容:① 三角形本身的概念、基本要素以及三角形的符号表示;② 三角形的三边关系;③ 三角形三边关系的简单应用.

由于三角形是学生在小学就已经熟悉的图形,所以在教学设计时应做到在此基础上把三角形的有关知识加以适当的提升.七年级的孩子对身边的事物充满了好奇,对一些自认为行却有可能碰壁的问题充满了探求的欲望.他们非常乐意动手操作,有很强的好胜心和表现欲;同时,学生们也具备了一定的归纳总结、表达的能力,基本上能在教师的引导下就某一个主题展开讨论.

二、教学目标

(1)理解三角形的概念及其稳定性,认识三角形的边、内角、顶点,能用符号语言表示三角形.

(2)经历度量三角形边长的实践活动中,理解三角形三边不等的关系.懂得判断三条线段可否构成一个三角形的方法,并能运用它解决有关的问题.

(3)进一步增强几何知识源于客观实际,用于客观实际的观念,激发学习的兴趣.

教学重点:

①与三角形有关概念,用符号语言表示三角形及有关元素.

②三角形三边间的不等关系.

教学难点:

①在具体的图形中不重复,且不遗漏地识别所有三角形.

[①] 这个案例收集于 2011 年 3 月 24 日,执教的是 SYF 老师.

②用三角形三边不等关系判定三条线段可否组成三角形.

三、教学过程

(1)创设情境

(教师利用课件展示了生活中的一些三角形)

(2)提出问题

师:"在课件中所展示的图形中,你能找出3个不同的三角形,并把它们画下来吗?"

接着,老师请一名同学到黑板前画出三个三角形.

然后,老师出示下面一组判断题:"判断:以下哪些是三角形?"

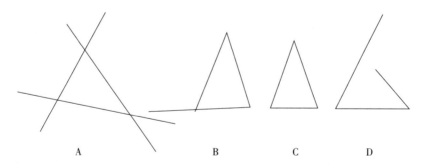

同学们判定出选C答案之后,老师说:"要准确判断一个三角形是否是三角形,需要从三角形的定义入手",因而,老师请一位同学口述了什么是三角形,再全班齐读定义.

……

【反思】 对于这节课教学过程的设计,SYF老师在课题引入的处理上是选择了几幅生活中常见的图形,以图片欣赏的形式出现,感受三角形的形成,加深对三角形定义的理解.这样既培养了学生从实际问题中抽象出数学问题的能力,又让学生充分体会数学其实来源于实际生活,体会学习本节课的必要性."三角形三边的关系",学生在四年级下册"三角形"中已经通过实验操作(摆小木棒)初步了解了三角形的特征,即三角形任意两边的和大于第三边.那么本节课对三边关系的学习,认识上需要加深.三角形三边关系定理不仅给出了三角形三边之间的大小关系,更重要的是提供了判断三条线段能否组成三角形的标准,能够熟练灵活地运用三角形的两边之和大于第三边,是数学严谨性的一个体现,同时也有助于提高学生全面思考数学问题的能力.

但是,SYF老师让学生做出哪些是三角形判断这个环节,却有些欠妥.教师认为选项A不是一个三角形,其实不然.为此,先要弄清楚什么叫多边形.

以直线段为界限的平面部分称为多边形,如图5.10所示.这些线段是多边形的边,其端点是多边形的顶点.多边形按边数分类,最简单的有三角(边)形、四边(角)形、五边(角)形、六边(角)形等.更为普遍些,有些将任意闭合的折线称为多边形,它的边可以彼此相交.

还有教师在进行八年级"梯形"的教学时,经常会判断图5.11是不是一个梯形.

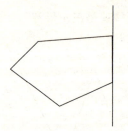
图 5.10 多边形示意图

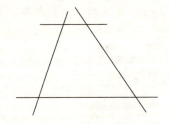
图 5.11 梯形示意图

教师和学生通常都认为图5.11不是四边形,因此不是梯形.其实,图形5.11是四边形,上述判断题中的选项A也是三角形.在大学的《高等几何》中对"简单平面形"的定义是:平面上由无三点共线的n个点,每两点顺次的连线构成的图象,叫做简单平面形[①].换言之,几何中关于多边形的定义,还要在今后的学习中螺旋上升.又如,中小学数学教材中,限于学生的认知基础和为了简便起见,常限定圆的直径是线段,是圆中最长的弦.到了大学,二次曲线的直径就不再是线段,而是直线

---

① 朱德祥,朱维宗.高等几何[M].2版.北京:高等教育出版社,2007:69.

了.对这些今后学习中还需要进一步完善的概念,设计概念辨析练习时要慎重,以免造成对后续学习不必要的前抑反应.

5.3 调查研究的反思

从调查中发现,目前,从我国中学学校教育来看,学生缺乏质疑意识,教师对学生质疑能力的培养重视不够,在培养学生的质疑能力的过程中也存在一些误区.主要表现在:首先,受传统知识观的影响,知识是确定无疑的.在学生看来,教材、教师、书籍是学习中的权威,只要深信不疑即可[①].在这种情况下,学生缺乏质疑的意识.其次,受传统教育观念的影响,在课堂上,教师是提问的主体,学生只是被动地接受教师的问题,学生没有机会提出问题.同时,教师的提问往往是按照自己对教材的理解、自己的思路和意愿事先设计好的,不能满足学生的需要.再次,面对学生的无价值的问题和超出自己能力范围的问题,教师会采取讽刺或置之不理的做法,挫伤了学生提问的积极性.在这种情况下,学生的问题意识比较薄弱,典型表现为不愿、不会、不敢、不善提出问题.学生失去了深层次思考和质疑的机会,最终丧失了发现问题、解决问题的能力,也就无从谈及创新能力了.

该项研究,一方面,用调查的形式确实能反映教师观念层面、情感层面对待开展质疑式教学的看法.调查用显性的、外在的文字形式表述隐性的、内在的体验和感受.另一方面,仅用调查的形式,使得研究存在一些困难和不足,从而使得研究整理出来的结论有时并不能完全反映真实的教师想法和课堂做法.为此,对教师进行访谈等方式,使多种方式并存,使得研究问题更深入.再者,从数学课堂观察和教学录像对课例展开讨论,有助于了解当前昆明市第十九中学数学教学的现实境遇,并从中吸取经验和发现问题.对这些问题和经验进行理性分析和理论提升,为该研究提供了理论来源和实践依据.

第一,初中数学教师对开展质疑式教学模式实验研究是很感兴趣的.昆明市第十九中学46.7%的数学教师对开展质疑式教学模式研究很有和较有兴趣,而骨干教师中91.17%的教师对开展质疑式教学感兴趣.42.2%的教师经常在备课中会考虑让学生质疑,50%以上的教师在课堂教学中让学生进行质疑.教师们对质疑式教学感兴趣,在课堂中已经有一些做法等,这些都说明质疑式教学研究并非寸步难行,而是有现实基础的.

---

① 在第6章6.2.4中,将给出一个案例说明教材有时也会出错.

第二,从课堂观察、调查中发现,教师的教学观念跟新课改的理念之间有较大的差别,教学现实并不乐观.首先,课堂中教师"把着讲"的情况比较突出,学生主体地位体现不够.其次,教师的提问以常规管理性问题和记忆性问题居多,而创新性、批判性的问题几乎没有,这样不利于学生创新能力的培养.再次,教师在质疑的过程中,更多的是对结果的质疑,而忽视过程的质疑,导致学生记住了某些知识,而对知识的来龙去脉知其然,而不知其所以然.最后,教师在课堂教学中受到自身专业基础知识的限制,还会出现科学性的错误.

综上,教师对数学本质的认识、教学观念等认识的偏差成为开展质疑教学的阻力.但是,大部分教师对开展质疑式教学比较感兴趣,在备课和课堂教学中已有一些做法,这为质疑教学的开展提供了有力的支撑和保证;而教学生学会以及教师专业知识的发展则成为开展质疑式教学的目的.

这一章有两项重要的内容,一是对昆明市第十九中学教师和参加2011年云南省骨干教师培训的学员对质疑和质疑式教学的看法;二是通过课例研究,分析昆明市十九中学课堂教学中存在的问题.通过调查研究和课例研究,可以为后继研究教学策略和模式建构以及教学实验设计提供现实的依据,为教师进一步改进教学提供参考,为后继研究找准切入点.

第6章 数学质疑式教学的实验研究

善问者如攻坚木,先其易者而后其节目.及其久也,相说以解.

——《礼记》

"教育科学的生命在于实验",类乎说"生命在于运动",并不是说除了实验就没有生命[①].教育实验作为教育科学的一个源泉,由于其本身是一种综合性的方法群体,有着活水般的永不枯竭的源泉,它是验证或证伪真理性如何的好方法.

在这一章中,将就初中数学质疑式教学实验开展的目的、实验的设计、实验的实施、实验的案例和实验的效果进行阐述.

6.1 实验目的

教育实验既是一种教育科学研究方法,又是一种特殊的教育实践活动.它是具有科研性的教育实践活动和具有教育实践性的科研活动的统一[②].昆明市第十九中学的"初中数学质疑式教学实验研究"正是秉承着这一理念,通过教学实验检验质疑式教学在整体提高学校教学效益、帮助学生学会学习、提升实验教师教育教学能力以及所构建的质疑式教学模式的有效性.具体地说,开展这项教学实验的目的是以下几点:

(1)转变实验教师的教学观和学习观.通过教学实验研究促进实验教师教学观念的转变,在精细备课的基础上,精心设计教学目标,依据教学目标创造性地设计"质疑式"提示语、创造性地设计学案、创造性地设计教学组织方式,并在教学组织中寻找质疑的资源,还课堂给学生,促使学生积极主动地投身到学习之中,真正实现由被动地接受知识向主动地探究知识转变.

(2)改变学生的学习习惯,提升对数学学习的兴趣.通过教学实验增强学生学好数学的信心,在实验开展的过程中以"质疑"和"反思"为手段,让学生提出有价值

---

① 潘仲茗.当代中小学教育改革实验概说[M].成都:四川教育出版社,1998:7.
② 宛士奇.中国当代教育实验百例[M].成都:四川教育出版社,1997:2.

的数学问题,并在解决问题的过程中感悟数学的思想和方法,感悟数学学习的方法,在主动探究和思考数学问题的过程中,逐步学会学习,并提高实验班学生数学学习的成绩.

(3)在教学实验中进一步提炼质疑式教学的理论,进一步凝练质疑式教学的实施方式,进一步总结培养学生学会学习的行之有效的方法.

总之,通过质疑式教学实验改变教师的教学观念、教学行为,转变学生的数学学习习惯、初步掌握一些良好的学习方法,从整体上提升昆明市第十九中学的数学教学质量.

6.2 实验设计

实验设计是教育实验能否达到实验目标的重要保证.实验设计是对实验过程的每一环节进行整体安排,使实验具有科学性和周密性,是教育实验取得成功的先决条件[①].实验设计包括受试对象、变量设计、实验前测和后测、数据处理与统计假设、实验时间等几个方面.在这项研究中,由于实验本身的特点和对已发生的事件进行事后分析研究的需要等,这里的实验设计采取的是非实验设计中的单组前测后测设计来进行研究.

从2011年2月在昆明市第十九中学开展质疑式教学以来,教师的教学观念和教学方式有一定的转变,教师的教育教学能力有所提升;学生的学习习惯有所转变,学生数学学习成绩在一定程度上得到了提高.这些和实施质疑式教学是否有关,课题组设计了单组前测后测来对其进行验证.

6.2.1 受试对象

从2011年1月开始,在昆明第十九中学2011级8个教学班共308名学生中开展了为期一年的数学质疑式教学实验.为了检验质疑式教学研究是否有效,以308名学生作为受试对象.下面先对2011级8个教学班的教师和学生的基本情况作一个简要的分析.

昆明市第十九中学2011级共有8个教学班,共4名数学教师,其所授课班级和基本情况见表6.1:

---

① 孙亚玲.教育科研方法研究[M].北京:教育科学出版社,2002:89.

表 6.1　昆明市第十九中学 2011 级数学教师及授课班级基本情况表

班级	授课教师	班级人数（人）
1301	YL	42
1302		26
1303	CJ	33
1304		43
1305	SYF	36
1306		41
1307	KQH	46
1308		41

在中小学阶段，一个教师一般上两个班级的数学课，教师在前一个班的授课完了之后，可以反思自己的教学设计、学案设计、质疑式提示语等，并在下一个班的教学中进行改进.

下面是各个班的人数分布图（图 6.1）

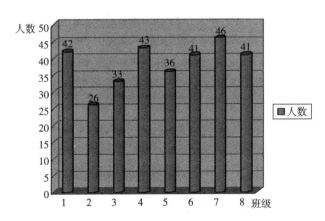

图 6.1　昆明市第十九中学 2011 级各班班级人数分布图

从图 6.1 中可以看到，8 个教学班的人数分布出现了不均匀的现象. 1302 班、1303 班以及 1305 班的人数较少，而 1307 班的人数最多，其余班级相差不大.

6.2.2 设计的模式

在数学教育领域中,单组前测后测设计是一种简单易行的研究方法,其设计的基本模式如下

$$O_1 \quad X \quad O_2$$

其中,O_1 表示接受处理 X 以前对受试进行测验,取得前测成绩;X 表示对受试实施某种处理;O_2 表示经过处理 X 后对受试进行测验,取得后测成绩.

6.3 实验实施过程和采取的主要措施

质疑式教学是在昆明第十九中学大面积开展的教学改革措施.七年级和八年级的所有教学班都参与到其中,学校要求所有的数学教师都参与到质疑式教学的实验中.

6.3.1 实验实施过程

实验的实施中主要分为四个阶段:理论学习阶段、实践阶段、课堂实践改进阶段和经验积累阶段.这四个阶段并不是独立进行的,而是彼此交错进行的.各个阶段的具体内容如下:

第一阶段:理论学习阶段

这一阶段是在专家组的指导下,重在对教师现在的教学进行分析,思考质疑式教学的特征,认真学习质疑式教学的理论思想及推行的意义.

第二阶段:实践阶段

有效教学设计阶段.通过教学研究活动,每位教师每周从互联网上上传或上交一篇以质疑式教学授课的教学设计一份,交专家组批阅.

第三阶段:课堂实践改进阶段

聘请校外教师到校进行教学交流,参与实验的教师上质疑式教学的研究课.年级组每周选出一节课例在全校范围内交流,从中发现问题、解决问题,以进一步探索实施质疑式教学的有效途径.

第四阶段:经验积累和推广阶段

根据成功课例的经验所启示的教学需要,学校要求全体参与课堂实验的教师在全校范围内开展学生学案设计活动,并在专家组的指导下制定符合学校实际的

昆明市第十九中学"质疑式"学案范本.在全校范围内开展教学反思活动,及时总结与研究质疑式教学模式过程中遇到的经验与问题.

6.3.2 实验采取的主要措施

开展实验一年多以来,采取的主要措施有:

1. 对全体数学教师进行数学教育理论知识的培训

在实验开展之前,课题组与学校的数学教师进行了座谈和个别访谈,在此基础上,找到了昆明市第十九中学数学教师存在的一些共性问题,如课堂上学生的主体地位体现不够,教学目标的设计不够准确,目标的表述不规范,教育教学理论知识欠缺.为此,专家组对昆明市第十九中学的教师进行了与质疑式教学相关的教育理论知识的培训.此外,2010 年、2011 年"国培计划"跟岗研修都选择在昆明市第十九中进行活动,全体数学教师参与到活动中,一方面,接受"国培"专家组的集体培训,以进一步更新自己的教育教学理念等.另一方面,与"国培"学员进行研讨、交流."国培"学员来自云南省的各个地区,都有自身的优势,在交流中实验教师和国培班学员相互学习、汲取别人有益的经验教训.

2. 建立"请进来,走出去"的交流合作模式

学校和专家组意识到,从事教育研究的专家、学者可以成为促进教师发展的重要力量,成为教师生命成长的重要资源.因而,学校建立了"请进来,走出去"的交流合作模式."请进来"一方面是聘请昆明市优秀的一线教师和教研员,如昆明实验中学的罗少辉高级教师、新迎中学的李海燕高级教师、五华区教科所教研员石稀林高级教师、盘龙区教科所教研员陈益民高级教师等,到学校给数学组的教师们做讲座和进行教学交流;另一方面是聘请昆明市优秀的数学教师,如云南省省级骨干教师、北师大昆明附中的郭自忠高级教师、云南师范大学世纪金源学校的高静高级教师等,到学校借班上公开课、示范课和质疑式教学的研讨课."走出去"是指提供机会,让昆明市第十九中学的数学教师们分批到山东省杜郎口中学、昌乐二中等学校进行考察.此外,还到云南省的名校进行课堂教学观摩.如到云南大学附属中学、云南师范大学附属实验中学、昆明市第十中学和昆明市第二中学等学校进行参观,学习班级的管理以及进行课堂教学的观摩.总之,希望通过专家的指点和帮助,更准确和有效地发现问题、分析问题和解决问题.

3. 教师精细化备课,认真撰写教案和学案,在课堂教学中还课堂给学生,同时注重引发学生的反思意识

具体的做法有:

① 教师适时地有意识地暴露自己的思维过程,面对问题时自己是如何思考、如何反思的,从而为学生的反思性数学学习提供示范.

② 在数学例题教学中,启发学生分析解题思路,反思做题过程,质疑数学思维、解题方法的优越性.

③ 教师在课堂教学中,注意质疑式提示语的使用.

④ 每天下午放学之前要求学生把前一天或者当天的数学作业改错,已经改完错的同学可以离开,没有改完的同学必须改完才能离开.

⑤ 引导学生养成预习、复习的学习习惯.

4. 鼓励学生进行自我课堂监控和课后反思

专家组和年级组的老师们共同设计了《昆明市第十九中学学生数学学习自我评价表》(见附录 K),让学生对自己每天和每周的预习情况、课堂听课情况以及课后复习情况进行自我监控和评价.学生在数学学习中进行自我监控,可以帮助他们不断地进行自我调节,不断地完善自己的数学思维品质,不断地改进学习数学的方法.

6.4　实验结果及分析

通过实验,学生数学成绩的提高是考察实验效果的主要指标.在现有的升学制度和应试的大背景下,考试作为一种文化现象本身并无错,它是检查和评价学生学习成绩的主要手段[①].若通过教学实验学生的数学认知成绩普遍下降,则实验无疑是不成功的.目前一线数学教师普遍关心的主要是能否通过教学实验提高学生的认知成绩.与此同时,通过质疑式教学中采取的一系列措施,考察教师的教育教学能力,如提问层次水平、师生课堂互动水平和对课堂的掌控,是否有变化.此外,还要考察学生对数学本质的看法、数学学习的态度、数学学习的兴趣、学习的积极性等非认知方面的变化.

教学是教师与学生以课堂为主渠道的交往过程,是教师的教育与学生的学的统一活动.通过这个交往过程和活动,学生掌握一定的知识技能,形成一定的能力

---

① 韩龙淑.数学启发式教学研究[D].南京:南京师范大学,2007:172.

态度,人格获得一定的发展[1].教之于学就如同卖之于买[2].鉴于此,实施质疑式教学必须考虑教师因素和学生因素,下面是对学生调查的结果和分析.

6.4.1 数学学习成绩方面

非实验设计模式:$O_1 X O_2$ 中,O_1 表示接受处理 X 以前对受试进行测验,取得前测成绩,即 2011 级 8 个班的 2011－2012 学年上学期的期中考试数学成绩.X 表示对受试实施某种处理.在该研究中,X 就是实验采取的一系列措施.O_2 表示经过处理 X 后对受试进行测验,取得后测成绩,即 2011 级 8 个班的 2011－2012 学年上学期的期中考试数学成绩.

1. 实验前测成绩

前测成绩 O_1 是 2011 级 8 个班共 308 名学生 2011－2012 学年上学期的期中考试的数学成绩.期中考试是学校自主命题,全年级采用同一套数学试卷,满分是 100 分.

2. 实验后测成绩

后测成绩 O_2 是 2011 级 8 个班共 308 名学生 2011－2012 学年上学期的期末考试的数学成绩.期末考试是学校自主命题,全年级采用同一套数学试卷,满分是 100 分.为了提高实验的信度和效度,期中和期末考试的试卷难度控制在差不多的水平.表 6.2 是部分学生的前测成绩和后测成绩.

表 6.2　部分学生在实施质疑式教学前后受测的数学成绩

编号	O_1	O_2	编号	O_1	O_2
1	51	0	11	36	50
2	16	14	12	26	13
3	40	39	13	36	49
4	10	30	14	76	91
5	72	67	15	20	19
6	84	93	16	16	31
7	12	43	17	37	42
8	50	84	18	51	65
9	10	10	19	37	33
10	22	30	20	51	69

3. 统计的结果

下面从 308 名受试学生的整体成绩、及格率、优秀率等方面来考察实施质疑式

---

[1] 张华.课程与教学论[M].上海:上海教育出版社,2000:73.
[2] 中央教育科学研究所比较研究室.简明国际教育百科全书教学(下)[M].北京:教育科学出版社,1990:233-224.

教学的实施效果.

①**学生整体成绩**

由于实验研究是同一组受试先后接受两个测验,而且两个测验的类型相同,都是学校统一命题的考试,因此两个测验成绩可能相关较高.在这种情况下,应用的统计方法是相关平均数的 t 检验或 z 检验.统计计算的结果如下

测试前 $\overline{X_1}=44.6$,测试后 $\overline{X_2}=52.2$

测试前 $S_1=5.37$,测试后 $S_2=25.1$

测试前 $S_{\overline{X_1}}=\dfrac{S_1}{\sqrt{n-1}}=\dfrac{5.37}{\sqrt{307}}=0.29$,测试后 $S_{\overline{X_2}}=\dfrac{S_2}{\sqrt{n-1}}=\dfrac{25.1}{\sqrt{307}}=1.41$

测试前后的相关系数:$r=0.57$

$$S_{d\overline{X}}=\sqrt{0.29^2+1.41^2-2\times0.57\times0.29\times1.41}=1.26$$

$$z=\dfrac{\overline{X_2}-\overline{X_1}}{S_{A\overline{X}}}=\dfrac{52.2-44.6}{1.26}=6.03$$

检验:当 $\alpha=0.01$ 时,$z=2.58$.因为 $6.03>2.58$,所以 $P<0.01$.这说明采取质疑式教学措施的前、后的数学平均成绩有显著的差异,质疑式教学的实施有一定的教学效果.

②**及格率**

首先,作出 2011 级 8 个班 308 名学生 2011－2012 学年上学期期中考试和期末考试及格人数统计图.从图 6.2 中可以看出,每个班期末考试及格人数都多于期中考试每个班的及格人数.

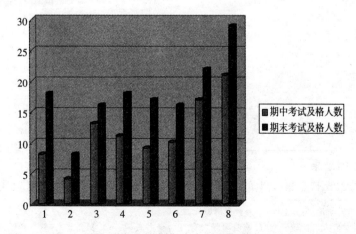

图 6.2　2011－2012 学年上学期期中考试和期末考试及格人数比较图

其次,将期中考试和期末考试的各班及格的人数等数据输入SPSS17.0中,进行Chi-Square检验,得到表6.3.

表6.3 期中考试和期考考试及格人数卡方检验

卡方检验结果

统计方法	值	自由度	双侧近似概率
皮尔逊卡方	40.000ª	35	.258
似然比卡方	27.726	35	.804
线性相关的卡方值	5.925	1	.015
有效记录数	8		

由上表知,Chi-Square=40.000,p=.258>0.05.由此看出期中考试和期末考试及格率无显著差异.

③优秀率

经过对期中考试和期末考试的优秀人数进行的统计,得到图6.3.从图6.3可知,期末考试成绩为优秀的人数每个班都高于期中考试成绩为优秀的人数.

综合及格率和优秀率的数据分析结果,可以看出,开展质疑式教学对提高学生及格率和优秀率有明显的效果,特别对基础较好的同学提高成绩起到了更好的促进作用.

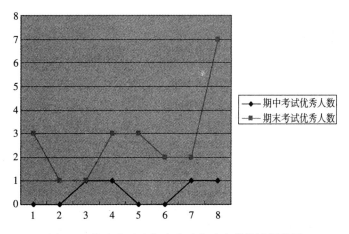

图6.3 期中考试和期末考试优秀人数统计折线图

注 90分以上为优秀.

6.4.2 学生的数学学习情况方面

教学就是指教的人指导学的人进行学习的活动[①].因而,教师教学的有效性要通过学生学习的情况表现出来.质疑式教学的开展是否有效,最终还是要通过学生学习的情况进行检验.为此,专家组设计调查问卷对实验前后学生数学学习情况进行调查.

1. 调查对象

2011级共308名学生,对其进行编号1~308,输入Excel软件中,利用随机数生成法,从中随机抽取50名学生作为调查的对象.

2. 调查工具

在质疑教学实验开展之前,用《初中学生数学学习情况问卷调查(前测)》表[②](见附录N)对昆明市第十九中学2011级抽取的100名学生进行数学学习基本情况的调查.实验开展了一年,又用《初中生数学学习情况问卷调查(后测)》(见附录O)对其中的50名学生进行数学学习基本情况的调查.

调查问卷分为前测和后测,都由两部分构成.第一部分共有29道题,围绕学生对数学本质的认识、对数学学习的看法、对数学的兴趣等方面展开调查.第二部分,共9道题,围绕初中生对数学教学和学习的看法展开.每道题目都陈述一个观点,学生从"A、强烈地反对;B、反对;C、不反对也不同意;D、同意;E、强烈地同意"五个选项中,选择一个你对这个问题的态度.

3. 调查结果和分析

下面对调查的结果做一个简要的分析:

(1) 对数学本质的看法

对数学本质的看法设置了3个问题,围绕数学知识之间的联系、数学与其他学科之间的联系、学校里学到的数学对日常生活是否有用展开.

① 就问题"数学知识之间联系不紧密",从表6.4和表6.5看出,前测中"强烈反对"的占31.4%,"反对"的占29.4%;后测中"强烈反对"的占35.3%,"反对"的占27.5%.说明实验前后学生对数学知识之间联系的认识有明显变化.出现这一变化除和其他因素有关外,与实验教师课堂教学中对学生的认知结构和数学知识之间的联系进行质疑有一定的关系.

[①] 李秉德.教学论[M].北京:人民教育出版社,1991:2.
[②] 这个问卷是在韩龙淑博士设计的《中学生数学学习情况调查问题》(见:韩龙淑.数学启发式教学研究[D].南京:南京师范大学,2007.)的基础上修改而成的.

表 6.4 问题"数学知识之间的联系不紧密"前测结果

数学知识之间的联系不紧密前测

		频数	百分比	有效百分比	累积百分比
Valid		1	2.0	2.0	2.0
	A	16	31.4	31.4	33.3
	B	15	29.4	29.4	62.7
	C	10	19.6	19.6	82.4
	D	6	11.8	11.8	94.1
	E	3	5.9	5.9	100.0
	合计	51	100.0	100.0	

表 6.5 问题"数学知识之间的联系不紧密"后测结果

数学知识之间的联系不紧密后测

		频数	百分比	有效百分比	累积百分比
Valid		1	2.0	2.0	2.0
	A	18	35.3	35.3	37.3
	B	14	27.5	27.5	64.7
	C	4	7.8	7.8	72.5
	D	10	19.6	19.6	92.2
	E	4	7.8	7.8	100.0
	合计	51	100.0	100.0	

② 就问题"学校里学到的数学对日常生活没有多少用",从表6.6和6.7看出,前测中"强烈反对"和"反对"的分别占到15.4%和17.3%,后测中"强烈反对"和"反对"的分别占到44.2%和38.5%.说明实验前后学生对学校里学到的数学知识在日常生活中是否有用的认识有明显变化.出现这一变化除和其他因素有关外,与实验教师认真备课,创设质疑式的情境有一定的关系.

表 6.6 问题"学校里学到的数学知识对日常生活没有多少用"前测结果

数学知识对日常生活没有多少用前测

		频数	百分比	有效百分比	累积百分比
Valid		2	3.8	3.8	3.8
	A	8	15.4	15.4	19.2
	B	9	17.3	17.3	36.5
	C	4	7.7	7.7	44.2
	D	18	34.6	34.6	78.8
	E	11	21.2	21.2	100.0
	合计	52	100.0	100.0	

表 6.7　问题"学校里学到的数学知识对日常生活没有多少用"后测结果

数学知识对日常生活没多少用后测

		频数	百分比	有效百分比	累积百分比
Valid		2	3.8	3.8	3.8
	A	23	44.2	44.2	48.1
	B	20	38.5	38.5	86.5
	C	3	5.8	5.8	92.3
	D	3	5.8	5.8	98.1
	E	1	1.9	1.9	100.0
	合计	52	100.0	100.0	

(2)学生对数学知识、老师讲授的知识质疑态度的变化

前后测中,学生对数学知识、老师讲授的数学知识以及对教材的看法有了明显变化.

① 就问题"数学公式、定理等知识是一个永恒不变、不可怀疑的真理",前测中"反对"的占到 15.4%,后测中"反对"的占到 38.5%.这说明实验前后学生对数学知识的认识有明显变化.

② 就问题"老师讲的数学知识总是对的",前测中"强烈反对"的占到 17.3%,后测中占到 30.5%.由此可以看出,实验前后学生对讲的数学知识的看法明显发生了变化.

③ 就问题"喜欢向老师、同学、教材质疑",前测中"强烈同意"占到 7.8%,"同意"的占到 11.2%;而后测中"强烈同意"占到 15.8%,"同意"的占到 30.1%.这说明实验前后喜欢向老师、同学、教材质疑的学生增加了,除了其他因素意外,这和教师教学观的改变、教师经常向学生进行质疑有关系.

(3)对数学学习方法的看法

前后测中,学生对数学学习的看法有了明显变化.

① 就问题"自己主动地学习数学比被动地接受老师、别人的数学更有意义",在前测中"同意"和"强烈同意"都占到 34.6%,而在后测中"同意"和"强烈同意"的分别占到 30.8%和 25.0%.这说明学生对被动地接受数学知识这个观念有所转变.

② 就问题"经过探究和发现数学公式、定理等比机械地背诵它们更重要",在前测中,"同意"和"强烈同意"分别占到 32.7%和 30.8%;而在后测中,"同意"和

"强烈同意"的都占到28.8%.这说明学生已经意识到对于数学学习不能机械地背诵,他们也接受和喜欢在探究中学习数学知识.

③ 就问题"弄懂解决一道数学题的过程和方法比盲目地做大量类似的题更重要",在前测中,"同意"和"强烈同意"分别占到25.0%和23.1%;而在后测中,"同意"和"强烈同意"分别占到36.5%和25.0%. 这说明学生越来越关注解题的过程和方法.这和课堂教学中教师对学生解题方法和过程进行质疑有一定的关系.

④ 就问题"做数学题意味着按照解题步骤得到答案,反思解题过程是没有必要的",在前测中,"强烈反对"和"反对"的分别占到15.4%和13.5%;而在后测中,"强烈反对"和"反对"的分别占到30.8%和46.2%.这说明学生已经意识到反思的重要性.除了其他因素之外,这和质疑式教学中创建了《昆明市第十九中学学生自我评价表》,让学生对自己的学习进行监控和评价有一定关系.

(4)学生对数学学习的兴趣

就问题"对我来说,数学学习很有趣",在前测中,"同意"和"强烈同意"的分别占到23.1%和13.5%;而在后测中,"同意"和"强烈同意"的分别占到42.3%和23.1%.这说明学生数学学习的兴趣提高了.质疑式教学采取一系列的措施,使得学生的数学学习兴趣有所提高.

(5)学生的预习习惯

就问题"预习很重要,每天上课之前都会进行预习",在前测中,"同意"和"强烈同意"的分别占到17.3%和5.8%;而在后测中,"同意"和"强烈同意"的分别占到40.4%和7.7%.可以看出,实验前很少有学生预习,在和教师的谈话中,这一点也得到了证实.在实验进行中,很多学生都有了预习的习惯,每天上课之前会预习了.

6.4.3 学生对实验的看法方面

质疑式教学实验在昆明市第十九中学开展了一年多,全校师生都参与到了实验中.而学生是课堂教学的主体,因此,学生对研讨课、公开课的看法,从一个侧面来说,是检验一项教学实验是否有效的标准.下面是部分学生对上质疑式教学研讨课或公开课的看法[①]:

生1:"自小到大,从一年级步入初中,上惯了老师讲,我们记,老师说一就是一,说二就是二的学习模式."

---

① 为真实地展示学生对实验开展的看法,这里按原文摘录了学生对实验的看法,没做任何修改.

步入中学,改革了数学教学模式.课堂上没有了"禁令",在课堂上可以自由说,随心想,没有拘束,想到什么就可以站起来说,不必怕说错,即使说错了老师也会帮助我们改错.坐成圆桌式形式的座位,可以方便我们讨论,小组间互相帮助,互相促进,共同提高.

上了公开课,别的没什么深刻的感受,唯一朴实的一点是:亲近学习,让自己那丁点想法在全班面前说出来,答错了,可以改,答对了,让自己感到很欣慰.

生2:"在初一下学期和初二上学期时,我们开始合作学习,教室里有了班班通[②].记得以前没合作学习,上数学课时总是死气沉沉的,只有会做的那几个同学在回答,可其他同学都不知道只会听而不讲.可合作学习后,一个组里面,好、中、差生都有,大家就可以相互讨论,每个人都有自己的想法,每个人的想法都不同,这样的三类学生聚在一起讨论将会有好多的想法,把它们都放在一起将会是一个很好的答案,每个人都会动脑筋,都会发言,给课堂带来了不少生机.老师把我们排成圆桌来坐,让我们来尝试一下这种新的教学方式,让我们感受到了合作、团结的力量是多么强大和美丽!"

也许只有敢于尝试,才能知道它是什么味儿.也许是酸、甜、苦、辣、咸,但也许也会是一种自己从未体会过的味.勇敢地去尝试吧!

生3:"我感受最深的一节公开课是,教师精心设计了教学内容,调动了学生学习的积极性,贴近学习生活,做到学数学、用数学,体现了数学在生活中是很重要的一门学科."

授课老师认真贯彻新的教学理念、教学方法和教学过程.老师利用生活中的问题,精心设计一张张幻灯片,让本节课既联系了课本知识,又感知到了生活中的数学.这也让学生非常和谐地交流,引发学生学习的兴趣,拉近师生关系,使学生内心有一种亲切感.课中,教师根据教材内容适时适度地创设情境,让学生上黑板动手做,开口说,这既锻炼了学生的动手能力、探究能力,更体现了学生高昂的学习态度,使学生在教师的引导下,把本节课的难点轻松学懂,解决掉.

整节课下来,老师充分利用了课件,直观、方便、快捷.节省了课堂时间,充分利用了45分钟.课堂上老师的应对能力强,对学生疑惑的问题,一一讲解,准确及时地解除疑难.课堂上剩余的时间,老师让我们在导学案上练习,然后再解答,这样一节课不仅轻松,还能更好地理解这节课的内容.

---

② 这里的"班班通"是昆明市第十九中学得到昆明市西山区政府的资助,每间教室都安装了电子白板,该设备可以上网,学生俗称"班班通".

6.4.4 教师课堂教学提问能力方面

数学本身是一种语言,一种简约的科学语言.与此同时,对于数学教育而言,语言活动是一项重要的数学活动[1].数学教师课堂教学提问的水平关乎一堂课教学效果的好坏.为此,来分析质疑式教学实验前后,教师课堂教学提问行为是否有变化是有必要的.

2011级有4位数学教师,将他们编号为:A,B,C,D.对每位教师进行前测和后测记录前,都提前相同的时间通知他们,让他们有充足的时间做准备,以保证实验的效度和信度.2011年9月用《初中数学课堂教学中各种提问行为类别频次统计表》[2](见附录N)对4位教师进行记录,2012年1月再次用量表对4位教师的课进行记录,得到如下的结果:

在《初中数学课堂教学中各种提问行为类别频次统计表》中,将提问的类型分为常规管理性问题、记忆性问题、推理性问题、创造性问题和批判性问题.下面是4位老师的提问的类型在实验前后的情况统计.

① A教师课堂教学中各种提问行为类别统计情况

从图6.4可知,经过一个学期的质疑式教学的实验,A教师一堂课的提问类型中,常规管理性问题所占的比例明显减少,记忆性问题所占的比例有所减少,而推理性问题所占的比例大幅度增加,创造性问题和批判性问题所占的比例略有增加.通过一个学期的实验,教师的课堂提问行为由常规管理性、记忆性问题向推理性问题转变.

② B教师课堂教学中各种提问行为类别统计情况

从图6.5可知,B教师在前测中,一堂课共提问41次,结合观课的感受,可以认为:B教师在实验前,课堂教学主要以讲授为主.在观课中还发现,B教师提问不够明确,层次不够分明,以至于教师经常是自问自答.经过一个学期的质疑式教学的实验,B教师一堂课的提问次数为46次,常规管理性问题和记忆性问题所占的比例都有所减少,而推理性问题所占的比例大幅度增加,教师的课堂提问行为正由常规管理性问题和记忆性问题向推理性问题转变.这说明B教师的课堂提问的能力在提高.

---

[1] 张奠宙,李士锜,李俊.数学教育学导论[M].北京:高等教育出版社,2003:198.
[2] 这个量表来自:朱维宗,唐海军,张洪巍.小学数学课堂教学生成的研究[M].哈尔滨:哈尔滨工业大学出版社,2011.这里做了必要的修改.

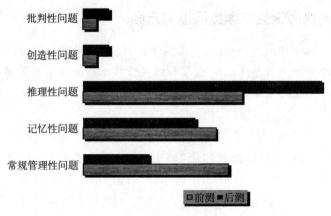

图 6.4　A 教师实验前后提问类型统计表

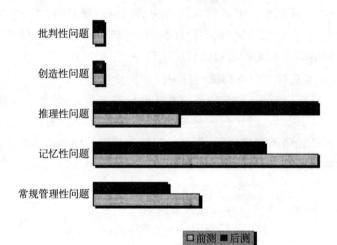

图 6.5　B 教师实验前后提问类型统计表

③ C 教师课堂教学中各种提问行为类别统计情况

从图 6.6 中可知,在进行前测记录时,发现 C 教师在课堂教学中,提问频率很高,"满堂问"现象比较突出,且教师在提出问题后,还未等学生思考问题,教师就自己给出了问题的答案.实验后,再次听 C 老师的课,提问的次数有所下降,常规管理性问题所占的比例也明显下降,而推理性问题所占的比例明显上升.

④ D 教师课堂教学中各种提问行为类别统计情况

从以往的成绩看,D 教师的数学成绩较好.图 6.7 与图 5.4,5.5,5.6 对比,发现 D 教师提问次数较少,结合观课的感受,可以认为 D 教师在课堂教学中提出的问题比较精炼,有层次.从图 6.6 和 6.7 还能看出,实验前后 D 教师的常规管理性问题、记忆性问题和推理性问题所占比例变化不大,而创造性问题和批判性问题所占的比例有所增加.

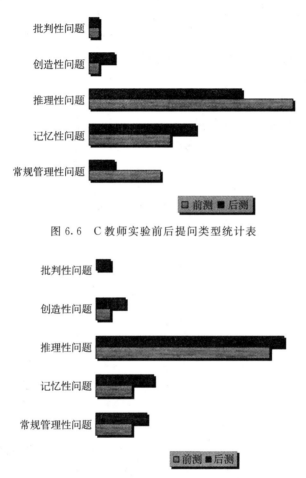

图 6.6　C 教师实验前后提问类型统计表

图 6.7　D 教师实验前后提问类型统计表

综上,从 2011 级实验的 4 位教师的课堂教学提问的类型来看,4 位教师在提问水平上都有不同程度的进步.变化的一个共同的趋势是:教师所提问题由常规管理性问题、记忆性问题向推理性问题、创造性问题和批判性问题转变.实验开始之初,观课过程中经常听到诸如"是不是"、"对不对"以及"行不行"等包含答案的问题.通过对教师进行质疑式提示语的培训,教师的课堂教学行为已有所改变.

6.4.5 实验教师对实验的看法方面

质疑式教学实验在昆明市第十九中学开展了一年多,教师对实验看法是实验能否取得成效和继续开展的保障.为此,请实验教师和上过质疑式研究课的老师们写了对实验开展的一些看法.下面是对其中 3 位实验教师对质疑式教学的看法或是对自己所上质疑式研究课的课后反思.摘录如下[①]:

SJZGK 老师:

2011 年以来,我校开展了一系列的课改教学活动.外请专家指导,上示范课,本校教师上公开课,尝试质疑式课堂教学,通过创设情境——→出示目标——→提出问题——→解决问题,建构知识——→达标检测——→总结.实施质疑式教学模式,大多数教师都参与,有幸我也上了一节公开课,现将自己的一些感想小结如下:

"质疑"是课堂教学实施是否有效的关键.因为"疑——问——思——进"是中国古代思想家、教育家总结出来的关于学习的真理,只有在学生处于"愤"、"悱"的状态下,教师给予有针对性的"启"、"发",这样的学习才是有效的.针对初三学习几何阶段的特点,我采用看图活动与复习旧知识相结合引入主题的方式,让学生简单明了地接触本节课的学习内容——直线和圆的位置关系小结.

本节课,我将内容分为旧知识的结构归纳、知识的应用、知识的拓展三部分,授课过程中设置了情景引入、构建知识结构、知识应用、深入探究、归纳拓展等环节,让学生对切线性质与判定的知识有一个系统、直观的全面认识,让学生形成了一个良好的认知结构.在本节课的设计中,我力求体现质疑式课改的理念"疑——问——思——进".首先,我采用"知识质疑"、"能力质疑"等方式给学生设置疑问;而后,给予学生充分的自主探究的时间,为学生营造宽松、和谐的氛围,让学生学得更主动、更轻松,力求在探索知识的过程中,培养学生的探究能力、推理能力和创新能力,激发学生主动学习的积极性.在学生选择解决几何问题的诸多方法的过程中,不过多地干涉学生的思维,不把教师的思维和方法强加给他们,而是通过适当地引导,让学生自己通过逐步地探究、摸索来找到或选择解决几何问题的办法.

在复习切线判定与性质的知识点时,为了让学生变被动为主动学习,在例题和练习的设计上,几个例题尽可能有层次感,也包含了切线问题的两种辅助线的作法,以让学生(当然也包括学习有一定困难的同学)可以全面地解决和切线相关的问题,也让学生感到通过一定的思考和探索是可以正确解决其中的大部分问题的,

---

① 这里全文摘录了老师们的想法,没有做任何修改.

从中体验到正确解决问题而带来的成功的喜悦,从而增加学生对学习的信心和兴趣,这也是我自己感觉到的本节课教学的亮点之一.在学生回答问题的过程中,即使有的学生回答不完整,我也不是直接纠正,而是让其他学生补充,调动了学生学习的积极性.这样,使一节有严谨几何证明的几何课变得活跃了很多,较大地增强了学习气氛,较好地调动了学生的积极性,我认为这也是这节课的亮点.我通过创设"问题情境——展示目标、提出问题——分析问题、解决问题——达标练习、反馈总结——拓展升华"这样的一个模式,引导完成教学以及课堂练习,并且还直接引用了今年昆明市的中考原题,及时抓住新的出题方向,学生也有良好反馈.我认为设计的教学目标已经达到,大多数学生不仅巩固了切线的性质和判定,还基本学会了用切线的性质和判定解决一些较简单的问题.

通过教学实践,我认为质疑式教学方式,在学生准备知识的基础上,围绕问题展开质疑,教师设法激起学生认知冲突,激发求知欲望,有利于学生的主动学习.

只是在教学中,质疑的问题的设计要紧扣目标,考虑周全.需要教师课前精细化备课,备课内容为整个章一起备.在"精"的前提下做到"细",关键步骤就是围绕目标设计问题链,问题链要涵盖教学内容中的知识点、能力点,有层次、有梯度、能激"疑".

我们追求的是"人人学有价值的数学",今天的这节课,我认为学生通过"知识质疑"、"能力质疑"学习到了切线性质和判定的知识,也会将其应用于解决问题中.虽然也存在一些不如意,但是这正好让我在今后的质疑式教学实践中继续摸索学习,激励我继续探讨研究,不断改进完善自己的教学方法,为我们的教育事业更好地服务.

SJZCXY 老师:
用配方法解一元二次方程的课后教学反思

本节课的教学目标是让学生通过变形,运用开平方法降次解方程,并能熟练应用它解决一些具体问题,让学生理解配方法,知道配方是一种常用的数学方法,以及能说出用配方法解一元二次方程的基本步骤.重点是把不可直接降次解方程化为可直接降次解方程的"化为"的转化方法与技巧;难点是在把方程二次项化为1后,方程"配"一次项系数一半的平方.通过用配方法将一元二次方程变形的过程,让学生进一步体会转化的思想方法,并增强他们的数学应用意识和能力.

通过这节课,我的教学方法是,质疑式设问和同学讨论相结合,使同学在讨论中解决问题,知道配方是一种常用的数学方法;教学手段是,演示法和同学练习相结合,以练习为主.学生主体作用发挥等方面,获得如下体会:

(1)教师的问题引入要自然

本节课前先复习平方根的定义、完全平方式,在此基础上引入问题1:"要使一块长方形场地的长比宽多6 m,并且面积为16 m²,场地的长和宽为多少?"这个例子.学生对于这个二次三项式,不能求解,引导学生怎样将其变形为$(mx+n)^2=p$的形式,从而自然地引入配方法.

(2)课堂例题讲解要有层次性、质疑点

本节课先讲解的例题都是二次项系数为1,后来引入一个例题$2x^2+x-6=0$,让学生观察这个例子与前面所讲例子的不同之处,引导怎样将其转化为$(mx+n)^2=p$的形式,从而让学生自己总结用配方法解一元二次方程的步骤.

(3)需要改进的方面

①教案的设计还需要多花工夫.在备课时,一定要从学生的思维、知识结构出发,问题的设计要让学生感觉到新知识的得到是以旧知识为基础,而且是顺理成章的事情,而不是陡然的.

②备课时应预想到学生在课堂上可能出现的问题.在今后的备课中,我应该在这方面多花心思,尽可能考虑全面一点,以免在课堂上时间太紧.

SJZLB 老师:

本节课首先提出问题:"请同学们回顾前面的平行线的判定方法,并说出它们的已知和结论分别是什么?"

把这三句话的已知和结论点到一下,可得到怎样的语句?它们正确吗?这样通过复习旧知,引出新知;通过提问,让学生思考,针对问题,敢于发表自己的见解.紧接着让学生动手操作,利用我们学习的平行线的画法,画出两条平行线,作出截线,找出其中的同位角,让学生讨论用什么样的方法可以验证同位角之间的关系.学生说出可以用度量的方法来验证,然后让学生把验证的结论告诉大家,从而得出平行线的性质一.用这样的方法可以让学生都参与到教学中来,提高了他们的动手、动脑能力,而且增加了学习兴趣.接着,再让学生用""、""的对立形式,也就是用几何语言把性质一表示出来.这样,可以增强学生的数学符号感.另外两个性质让学生想办法验证,再利用性质一来推导,加强了学生的逻辑推理能力.

反思本节课的教学,有以下成功之处:

这节课用"如下图是残缺梯形玻璃有上底的一部分,已经量得∠A=115°,∠D=100°,梯形的另外两个角各是多少度?"自然引入新课,激发学生的思考,进而引导学生进行平行线性质的探索.

整个课最突出的环节是平行线性质的得到过程,上课时学生通过自己测量进行探索,得到猜想,再通过验证发现的.即在学生充分活动的基础上,由学生自己发现问题的结论,让学生感受成功的喜悦,增强学习的

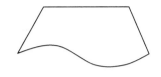

兴趣和学习的自信心.在探究"两直线平行,同位角相等"时,要求全体学生参与,体现了新课程理念的交流与合作.

在教学设计中,课堂氛围的转变:整节课以"流畅、开放、合作、'隐'导"为基本特征,教师对学生的思维活动减少干预,教学过程呈现一种比较流畅、轻松的特征,整节课学生与学生、学生与教师之间以对话、讨论为出发点,以互助、合作为手段,以解决问题为目的,让学生在一个较为宽松的环境中自主选择获得成功的方向,加深了学生对平行线性质的理解.

在练习的设置过程中,从简到难,由简单的平行线性质的应用到平行线性质两步或三步的应用,学生容易接受.

这节课存在的问题:上课过程中,担心学生由于基础差,不能很好的掌握知识,所以新课教学实践过长,学生练习时间短,练习的量不够.由于学生课堂练习时间短,所以学生在灵活运用知识上还有欠缺,推导过程的书写格式还不够规范.

6.5 实验反思

这项实验在实施中参照了单组实验设计的一些方法,即对被试不做专门的选择和处理,在一种完全自然的条件下以单一实验组为研究对象,通过创设质疑情境,施加质疑式提示语、质疑式问题链,根据教学要求组织小组学习,并在学习中采用一些质疑的手段等方法实施实验.根据研究的主客观条件,该项实验还采用了单组前测后测设计.单组前测后测设计是一种简单易行的研究方法[1].常采用一种方法取得学生的前测成绩和后测成绩,通过前测与后测成绩的变化来推断实验处理的效果.但是,在这项实验中,由于实验延续时间较长,受试的心理、思维过程可能会发生变化,使得后测成绩(O_2)有可能高于前测成绩(O_1).另一方面,前测和后测之间除了处理 X 的影响之外,可能还有其他因素的作用.

由于非标准实验不是严格意义上的实验,因此,该项实验在内在效度和信度方面不如标准实验设计.此外,由于客观条件的限制,专家组对实验全过程的跟进和

---

[1] 张君达,郭春彦.数学驾驭实验设计[M].上海:上海教育出版社,1994:128.

指导方面还不够深入和全面.

但是,实验所取得的积极效果,不但对全体实验教师和被试产生了积极的影响,对课题组也有极大的鼓励作用.所以,课题组计划在2012至2013学年度继续在已有的基础上继续进行实验研究,并考虑在昆明市西山区范围内推广这项实验.

这一章是在对数学质疑式教学理论基础和实践基础探讨的基础上,对质疑式教学实验研究开展的过程进行论述和分析.教学实验的目的是检验质疑式教学在整体提高学校教学效益、帮助学生学会学习、提升实验教师教育教学能力以及质疑式教学方式的有效性.质疑式教学实验的过程,主要分为四个阶段:理论学习阶段、实践阶段、课堂实践改进阶段和经验积累阶段.实验采取的主要措施有:① 对全体数学教师进行数学教育理论知识的培训;② 建立"请进来,走出去"的交流合作模式;③ 教师精细化备课,认真撰写教案和学案,在课堂教学中还课堂给学生,同时注重引发学生的反思意识;④ 鼓励学生进行自我课堂监控和课后反思.

数据分析表明,已开展的教学实验取得了比较理想的效果,改变了学校的风貌,改进了学生的"学"和教师的"教",学生的学业成绩也有明显的提升.

第7章 数学质疑式教学设计

发明千千万,起点是一问.禽兽不如人,过在不会问.智者问得巧,愚者问得笨.人力胜天工,只在每事问.

——陶行知

教学设计是在实施教学之前,依据学习论和教学论的原理,运用系统论的观点和方法,对教学的各个环节进行统筹规划和安排,并为学生的学习创设最优环境的准备过程.

这一章在数学质疑式教学实验的基础上,先探讨数学教学设计的含义,之后再论述数学质疑式教学设计的特征和方法,最后讨论几个数学质疑式教学设计的案例.

7.1 数学教学设计的概念

"设计"(design)在《辞海》中解释为:"预先的策略规划(制订方案,图样等)".教学设计是为了达到教学目标,使学生身心都得到发展而在教学前进行的设计、规划等.数学教学设计是以数学学习论、数学课程论、数学教学论为理论基础,运用系统方法[①]来分析数学教学问题,确定数学教学目标,设计、解决数学教学问题的策略方案、试行方案、评价试行结果和修改方案的过程.

张奠宙先生认为,数学有三种形态:原始形态、学术形态和教育形态.原始形态,是指数学家发现数学真理、证明数学命题时所进行的繁复曲折的数学思考,它具有后人仿效的历史价值.学术形态,是指数学家在发表论文时采用的形态,即形式化,严密地演绎,逻辑地推理,它呈现简洁的、冰冷的形式美丽,却把原始的、火热的思想淹没在形式的海洋里.教育形态,是指通过教师的努力,启发学生高效率地进行火热的思考,把人类千年积累的数学知识体系,使学生容易地接受.数学的教

[①] 系统方法:按照事物本身的系统性把对象放在系统中进行研究的一种方法就叫做系统方法,它从系统论的观点出发,坚持从整体与环境,整体与要素之间、要素与要素之间的相互联系、相互作用、相互制约的关系趋考察、研究对象,以最优化地解决问题.

育形态所对应的是学科数学的内容①.

数学教学设计就是要在数学学术形态和数学自然形态之间构建起既能反映数学本质又适宜学生学习的数学教育形态,就是要在数学的自然形态和学术形态的中间架一座桥梁,这座桥梁就是数学的教育形态.因此,数学教学设计的本质就是设计好数学的教育形态,教学设计的过程实际上就是构建数学教育形态的一个过程.而数学课本上的知识是冰冷的,教师的作用就是使这些冰冷的知识热起来.

教学设计可以是一个学段、一个学年、一个学期、一个单支、一个课时,而一个课时是最基本、最重要的,这里的教学设计主要指的是课时教学设计.

7.2 数学质疑式教学设计的方法

质疑式教学设计是数学教学设计的下位概念,它具有数学教学设计的特征.下面简要介绍数学教学设计的特征.

由于数学教学主要解决"教什么"、"怎么教"、"达到什么效果"这三个基本问题.因此,数学教学设计的特征可做如下理解:

第一,数学教学设计是把数学教学原理转换成教学材料和教学活动的技能,遵循数学教学过程的基本规律,选择设计教学目标,解决"教什么"的问题.

第二,数学教学设计以计划和布局安排的形式,对怎样达到教学目标进行创造性地决策,解决"怎么教"的问题.

第三,数学教学设计与系统论的原理为指导,把教学过程的各要素看成一个系统,分析教学问题和需要,确立解决问题的程序纲要,使数学教学效果最优化,以解决"达到什么效果"的问题.

第四,数学教学设计是提高数学学习者获得知识、技能和兴趣的技术过程.数学教学设计与教育技术密切相关,其功能在于运用系统方法设计教学过程,使之成为一种具有操作性的程序.

根据数学教学设计的特征,数学质疑式教学设计的方法是:对教学任务和学生认知基础进行准确分析,在此基础上精心设计教学目标,依据教学目标指引质疑的目的、质疑的方向和质疑的方式.之后,考虑如何在教学的各个环节中落实教学目标,按照教学目标将教学内容和教学过程划分为若干个环节,在每一个环节之中设计质疑式问题链、设计教学活动的组织方式.

---

① 张奠宙.教育数学是具有教学形态的数学[J].数学教育学报,2005,14(3):1-4.

下面通过一个教学案例片段说明数学质疑式教学设计和实施的特征和方法.

【案例片段】 课题:百分数[①]

教科书片段分析[②],该节课教科书有如下内容:

(1) 导言:在生产、生活和工作中,进行调查和统计,分析比较时经常要用到百分数.

例如,某小学六年级的 100 名学生中有三好学生 17 人,五年级的 200 名学生中有三好学生 30 人. 六年级三好学生人数占本年级学生人数的 $\frac{17}{100}$;五年级三好学生人数占本年级学生人数的 $\frac{3}{20}$;由于这两个分数的分母不同,要比较哪个年级的三好学生人数所占的比率大,就困难一些.

(2) 概念引入:为了便于统计和比较,通常是用分母是 100 的分数来表示,$\frac{3}{20}$ 可以改写成 $\frac{15}{100}$. 这样,就明显地看出六年级三好学生人数占的比例 $\frac{17}{100}$ 比五年级的大.

又例如,一个工厂从一批产品中抽出 500 件,经过检验,有 490 件合格,这批产品合格的比例是 $\frac{490}{500}$,也可以写成 $\frac{89}{100}$.

表示一个数是另一个数的百分之几的数,叫做百分数. 百分数通常也叫百分率或百分比.

……

华应龙特级教师根据对教学内容的分析和他对数学新课程实施的理解,创造性地进行教学设计,教学过程的实录片段为:

师:"今年(2001 年)我国体育界有一件什么大事情发生?"

生:"中国男子足球队冲出了亚洲,走向了世界."

师:"对!踢球的 11 个,赢球的 13 亿!全国人民喜气洋洋. 如果在明年的世界杯比赛中,我们中国队获得一个宝贵的罚点球的机会,你是米卢的话,将会安排哪位球员来主罚这粒点球?"(教师开始质疑)

有三位同学回答,分别是"郝海东!""祁宏!""范志毅!"

---

① 人民教育出版社九年义务教育《数学》第十一册,由著名特级教师华应龙进行教学设计和执教.

② 朱维宗,唐海军,张洪巍. 小学数学课堂教学生成的研究[M]. 哈尔滨:哈尔滨工业大学出版社,2011:141-143.(这里做了必要的修改).

师:"你为什么安排郝海东来主罚?"

生1:"郝海东在十强赛中进球最多!"

师:"那你为何让祁宏来主罚?"

生2:"祁宏的脚法最好!"

师:(看着生3)"请说说你的理由."

生3:"范志毅是三朝元老,心理最稳定."

(学生这里的回答,都不是基于数学的方式,因此,教师进行了第二次质疑.)

师:"三位都言之有理.那究竟安排哪位主罚呢?我想,米卢会比较一下队员中罚点球最好的那几位的成绩,然后再定夺.你认为呢?"

同学们点头称"是".教师出示以下表格:

球员	罚点球总数	进球数
郝海东	25	22
范志毅	20	18
祁宏	50	43

师:"看了这张表格,你认为谁去主罚最好?为什么?"

学生大多说"范志毅".

生4:"我觉得应让范志毅来主罚,因为他罚球最稳、最准."

生5:"我觉得哪位失球最少,就该让哪位主罚,所以安排范志毅去罚."

师:"有道理.郝海东失球数是25-22=3,范志毅失球数是20-18=2,祁宏失球数是50-43=7,这样看来是应让范志毅去罚.同意这一理由的,请举手."

(这里,教师巧妙地运用了质疑式教学中的谈话法,在学生错误认知的基础上,通过质疑式提问,让学生处于"愤悱"的状态,之后再用举反例的方法进行启发.)

全班学生都举手了.

师:"考虑好了吗?不改啦?"同学们声音洪亮而自信地回答:"考虑好了!不改啦!"

师:"按这样的说法,如果我罚点球的成绩是罚1个球,可踢飞了.我的失球数是1-0=1,最小,那个点球倒该我去罚了不成?"学生们都笑了.笑过之后是思考,少顷……

生6:"我会安排范志毅来主罚.因为郝海东踢25个进了22个,照这样计算,郝海东踢100个会进88个;范志毅踢20个进了18个,那么,范志毅踢100个会进90个;祁宏踢50个进了43个,那么,祁宏踢100个会进86个.这样一比较,我是安排范志毅去踢这个点球."

师:"是个好主意! 乍看不明白,照这样计算之后,都踢满 100 个球就一目了然."

(在教师的启发下,学生已经"再创造"出对百分数的初步认识. 教师不失时机的再次质疑,让学生对百分数的概念有更深入的了解.)

生 7(抢着说):"应算进球数与罚球总数的百分比. 郝海东是 88%,范志毅是 90%,祁宏是 86%,所以应让范志毅去踢."(同学们眼睛一亮,颔首赞同).

师:"好主意! 为什么要算百分比呢? 如果不求进球数是罚球总数的百分比,而是求几分之几,行不行呢? 这 88%,90%,86% 又是怎么算出来的? 生 6 和生 7 的想法有联系吗? 请前后桌四人小组讨论讨论."(学生们热烈地讨论起来).

师:"借助百分数,可以很好地解决由谁主罚点球的问题了. 看来百分数是个好助手! 大家在课前收集到哪些百分数? 在小组内交流交流,说说这些百分数表示的意思,然后小组推荐代表在全班交流……."

【评析】 这是一个精彩的质疑式教学设计与实施的片段. 华应龙特级教师立足学生的数学现实和教学内容,通过对话、启发、引导等质疑式教学的手段让学生"再创造"出了对百分数概念的理解. 从案例片段中可以看出,教师的语言运用艺术很高超,不但调动了学生学习的积极性,而且通过情境质疑、提问质疑、谈话质疑,启发学生"再创造"出百分数的概念.

7.3 数学质疑式教学设计的案例研析

下面是实施质疑式教学以来,在昆明市第十九中学上过的一些质疑式教学的研究课.

【案例 1】 5.3.2 命题与定理①

一、教学任务分析

1. 这节课是在学生学习了对顶角、平行线、垂线等的概念、性质之后,来学习命题、定理的概念. 对于命题、定理、证明等概念,教科书是分阶段、分散安排的. 在这一章,要求学生在学过一些命题(包括数与代数的以及空间与图形的)的基础上,了解命题的概念以及命题的构成("如果…,那么…"的形式),知道命题的真假,知道定理是真命题.

---

① 这个案例收集于 2011 年 3 月 3 日,是实验教师 CJ 老师上的质疑式教学研究课.

2. CJ老师基于对教学任务的分析,制定了如下的教学目标:

(1)知道命题是什么.

(2)会指出命题的题设和结论.

(3)会判断命题的真假.

(4)了解定理的概念等.

备注 这个目标体系缺乏过程与方法目标,情感、态度价值观目标,而且第(4)个目标不应该是这节课的目标.通过观课,专家组建议学习目标修改为:

(1)知道命题是什么,会指出命题的题设和结论.

(2)经历观察、联想、判断、推理等思维过程,知道命题有真假,能根据已学过的知识和简单的逻辑推理,判断所给命题的真假.

(3)在学习中养成质疑、反思的习惯,了解命题为什么要判断真假,初步感知定理对今后学习的意义.

二、教学过程

1. 导课

教师:"下列哪些是'数学语句'?"

(1)对顶角相等吗?

(2)啊!美妙的对顶角.

(3)画出对顶角.

(4)有一个公共顶点,并且一个角的两边是另一个角的两边的反向延长线,具有这种位置关系的角称为对顶角.

(5)对顶角相等.

除了(2)之外都有学生认为其他的是数学语句,之后CJ老师提问第(5)句的特征是什么.有学生回答是题设,也有回答是结论.

什么是"数学语句"?一般没有这样的说法.教师的本意应该是指哪些是"数学命题".命题是指对某一事情作出判断的语句.由于教学语言不准确,容易导致学生认知上的混乱.此外,5个问题中,除第(4)和第(5)个语句外,其余都不是数学命题,而这两个语句中命题的特征不明显,初学习时难以判断.课后议课时,专家组建议任课教师重新设计问题.

2. 新授

Ⅰ.命题

师:"像(5)这样可以判断一件事情的句子叫做命题(proposition)."接着,老师请同学们思考:

(1)命题的组成是什么?

学生通过阅读教材,知道命题由题设与结论两部分组成.

(2)让学生在学案上指出命题的题设和结论:

如果 $AB \perp CD$,垂足是 O,那么 $\angle AOC = 90°$;两直线平行,同位角相等.

(3)让学生将命题改写成"如果…,那么…"的形式:

两条平行直线被第三条直线所截,同旁内角互补、邻补角互补、对顶角相等.

教师让学生在学案上练习用"如果…,那么…"的形式改写命题.

(4)命题的真假

CJ 老师让学生针对教材上两个命题"如果两个角互补,那么它们是邻补角"与"如果一个数能被 2 整除,那么它也能被 4 整除",举出反例来判断它们是假命题.

学生练习:

① 命题"同位角相等"是真命题吗?如果是,说出理由;如果不是,请举出反例.

② 命题"大于锐角的角是钝角"是真命题吗?如果是,说出理由;如果不是,请举出反例.

在学生完成练习后,教师总结到:"用命题形式给出一个数学问题,要判断它是错误的,只要列举一个满足命题的条件,但结论不成立的例子,就足以否定这个命题,这样的例子就是反例."

Ⅱ.定理

教师提出问题:什么是定理?它与真命题有什么关系?

学生回答后,教师强调真命题不一定是定理,例如平行公理.定理可以作为进一步推理的依据,教材中关于平行线的判定方法 1,2,3 也可称为判断定理 1,2,3,平行线的性质 1,2,3,也可称为平行线的性质定理.

(公理是不加证明而承认的命题,公理不能认为是真命题.)

Ⅲ.小结

师:"这节课我们学习了什么是命题,命题的组成,真命题、假命题和定理的概念以及判定假命题的方法(举反例),这些都是后继学习的基础,使我们在今后的学习中表述更简洁、更严密."

【反思】

1.本节课的教学流程为:

导课→阅读学案,找"数学语句"→做学案 $\begin{cases} \text{练习找命题的条件、结论} \\ \text{讲解真命题、假命题} \end{cases}$ →小结→

布置作业.

2. 通过观课,尤其是对学生学习情况的观察,引起了专家组的思考:教师课前准备比较认真,教学比较认真,但这节课的教学效果如何? 即

(1) 学习目标达成了吗?

(2) 学生对为什么学习这个内容理解吗?

(3) 学生对教学内容理解了吗?

在议课的基础上,专家组希望 CJ 老师认真反思学习目标,重点要反思第 3 个教学目标. 第 3 个教学目标是:"会判断命题的真假",专家组建议目标改叙为"在学习中养成质疑、反思的习惯,了解命题为什么要判定真假,初步感知定理对今后学习的意义". 专家组还建议删去目标(4)——了解定理的概念.

3. 对于怎样去达成学习目标,专家组建议:

(1) 创设情境. 这可以从过去学习中存在的问题入手;然后,让学生带着问题,阅读教材.

(2) 展示目标,呈现问题链. 问题链可设计为:

① 什么叫命题?

② 命题由哪几部分组成? 各部分叫什么?

③ 能否把"邻补角互补"、"对顶角相等"改写成"如果…,那么…"的形式?

④ 命题为何要判断真假? 如何判断命题的真假?

⑤ 什么是定理?

⑥ 作为真命题的定理,在数学学习中有什么作用?

(3) 解决问题(专家组建议采用如下的方法):

① 分组(关键是小组长的选取和小组内学生角色的分工).

② 小组学习中学生要经历:思考——讨论——交流等环节,小组学习的结果是将感性活动中获得的经验上升为理性思考.

③ 师生共同概括,对学习目标进行回顾和检测.

(4) 拓展升华. (这可以通过练习、交流、小结等教学环节来实现)

(5) 针对这节课教材编写的特点,应该让学生在对学习目标、学习内容有所了解、有所体验、有所探究的基础上,再来讲授概括,这样有利于学生建构知识,理解本节课的内容.

【案例2】 16.3 分式方程(1)[①]

[①] 这个案例收集于 2011 年 3 月 10 日,授课教师是昆明市第十九中学的质疑式教学的实验教师 CXY 老师.

一、教学任务分析

1. 本节课是八年级下册第十六章"分式"第三节"分式方程"的第1课时教学内容.

2. 这节课的主要教学任务是让学生知道什么是分式方程;会解可化为一元一次方程的分式方程;理解分式方程需检验;通过解分式方程的过程体会归纳、转化的数学思想.

3. 分式方程是一元一次方程的拓展,因此,讲分式方程之前得复习一元一次方程及其解法.

4. 基于对教学内容的理解,CXY老师设计了如下的学习目标:

(1) 知道什么是分式方程.

(2) 会解可化为一元一次方程的分式方程的解.

(3) 会检验分式方程的解.

(4) 知道分式方程必须检验.

备注 这个目标体系缺乏过程目标和情感、态度价值观目标,通过观课,专家组建议学习目标修改为:

(1) 能用自己的语言准确地叙述分式方程.

(2) 会解可化为一元一次方程的分式方程.

(3) 理解分式方程必须检验.

(4) 在解分式方程的过程中体会归纳、转化的数学思想,养成质疑、反思的习惯.

二、教学过程

1. 展示学习目标

师:"今天这课的学习目标是:

(1) 知道什么是分式方程?

(2) 会解可化为一元一次方程的分式方程的解.

(3) 会检验分式方程的解.

(4) 知道分式方程必须检验."

2. 检查自学复习效果

教师提出第一个问题:"什么叫方程？什么叫方程的解？"

例1 解方程 $\dfrac{2x-1}{2}-1=\dfrac{2x+3}{6}$.

解 去分母,方程两边都乘以6,得

$$3(2x-1)-6=2x+3$$

去括号,得
$$6x-3-6=2x+3$$
移项,得
$$6x-2x=3+3+6$$
合并同类项,得
$$4x=12$$
系数化为1,得
$$x=3$$

教师提出第二个问题:"解一元一次方程的一般步骤是什么?"

师生合作总结出解一元一次方程的步骤,即去分母——去括号——移项——合并同类项——未知数的系数化为1.

教师再提出第三个问题:"去分母的依据是什么?"

根据的是等式的性质:等式两边同时乘以一个不为零的数或整式,等式的值不变.

根据观课,同学们对分式方程怎么去分母,即如何找公分母存在困惑.因此,建议教师再增加一个提问:对于分式方程怎样去分母?分式方程找公分母,要根据方程的结构,有时先化简再找公分母,有时需要分解因式后再找公分母,还有些同学则习惯于先通分再找公分母.

3. 依据学案,学习建构

(1)情境:一艘轮船在静水中的最大航速为20千米/时,它沿江以最大航速顺流航行100千米所用时间,与以最大航速航行60千米所用时间相等,江水的流速为多少?

解 设江水的流速为v千米/时,根据题意,得
$$\frac{100}{20+v}=\frac{60}{20-v} \quad (分母中含未知数的方程)$$

(2)列方程:某数与1的差除以它与1的和的商等于$\frac{1}{2}$,求这个数.

解 设某数为x,得$\frac{x-1}{x+1}=\frac{1}{2}$(分母中含未知数的方程).

(3)对分式方程下定义:分母里含有未知数的方程叫做分式方程;以前学过的方程都是整式方程.

(4)概念辨析

例1 找一找:下列方程中属于分式方程的有( )

① $\dfrac{2x+1}{x}+3x=1$ ② $\dfrac{x+1}{3}+\dfrac{y+1}{4}=2x+1$

③ $\dfrac{4}{x}+\dfrac{3}{y}=7$ ④ $x^2+2x-1=0$ ⑤ $\dfrac{x+1}{x}$

例2 试解方程 $\dfrac{100}{20+v}=\dfrac{60}{20-v}$.

解 方程两边都乘以最简公分母$(20+v)(20-v)$,得到整式方程
$$100(20-v)=60(20+v)$$

解这个整式方程,得 $x=5$. 把 $x=5$ 代入原方程检验:左边$=\dfrac{100}{20+5}$,右边$=\dfrac{60}{20-5}=4$.

因为左边=右边,所以 $x=5$ 是原方程的根.

学生在板演这个题的解法时,第二位男同学由于运算错误,得到了错解:$v=20$.这是一个有趣的课堂生成性资源,它和下一个题目的解法合起来可以说明:分式方程为什么一定要检验(因为在去分母的过程中,可能会产生增根)."分式方程为什么要检验?"又可以成为质疑的问题.

例3 再试一试解分式方程 $\dfrac{1}{x-1}=\dfrac{2}{x^2-1}$.

解 在方程的两边都乘以最简公分母$(x+1)(x-1)$,得到整式方程
$$x+1=2$$

解这个整式方程,得 $x=1$. 把 $x=1$ 代入原分式方程检验:$\dfrac{1}{x-1}$ 和 $\dfrac{2}{x^2-1}$ 的分母的值都为零.这两个分式都无意义,因此 1 不是原分式方程的根.实际上原分式方程无解.

CXY老师这个例题的设计是一个很好的"教学先行组织者",通过这个例题可以说明:① 方程未必有解;② 如果解方程时,所进行的变形不是等价(同解)变形,那么得到方程的解时一定要检验,防止出现增根,如果进行过开方运算,还要检查是否漏根.

因此,专家组建议CXY老师在这里增加一个思考性提问:"解分式方程为什么要检验?"(既可以在这里加以解释——去分母时,方程两边同时乘以$(x-1)(x+1)$,因此,解方程时可能出现增根 $x=1$ 或 $x=-1$,又可以作为下一节课的教学情境).

(5)知识建构

"师生共做"得到了解分式方程的一般步骤：

① 在方程的两边都乘以最简公分母,约去分母,化成整式方程(这不是同解变形)；

② 解这个整式方程；

③ 把整式方程的根代入最简公分母,使最简公分母为零的根是原方程的增根,必须舍去；

④ 写出原方程的根.

(6)达标检测

例1 解方程 $\dfrac{5}{x} = \dfrac{7}{x-2}$.

例2 解方程 $\dfrac{1}{x-2} = \dfrac{1-x}{2-x} - 3$.

(7)随堂练习

练习一　解方程

① $\dfrac{3}{x-1} = \dfrac{x}{x-1}$　　② $\dfrac{1}{x} = \dfrac{5}{x+3}$

③ $\dfrac{x}{x+1} = \dfrac{2x}{3x+3} + 1$　　④ $\dfrac{2}{x-1} = \dfrac{4}{x^2-1}$

练习二　解方程

⑤ $\dfrac{1}{2x} = \dfrac{2}{x+3}$　　⑥ $\dfrac{x}{x-1} = \dfrac{3}{2x-2} - 3$

⑦ $\dfrac{x}{2x-3} + \dfrac{5}{3-2x} = 4$　　⑧ $\dfrac{5}{x^2+x} - \dfrac{1}{x^2-x} = 0$

由于本节课前面组织同学进行了"探究",处理这两组练习时时间不够了,CXY老师顺势将学案上的练习布置为同学们今天的作业.这个处理很好,不必追求课的表面完整.课后反思时,CXY老师也分析了原因,可以缩减从情境中列方程的探究时间,节省的时间可以用于迁移练习.

(8)小结

师："今天我们学习了整式方程、分式方程的概念；解分式方程的方法和步骤；注意必须检验分式方程的根；体会数学转化的思想方法.下面进行目标检测."

(9)目标检测

师："今天这课的学习目标你达到多少？你知道什么是分式方程吗？你会解可

化为一元一次方程的分式方程的解吗?你认为解分式方程需要注意些什么?你知道分式方程为什么必须检验吗?你知道怎样检验分式方程的解吗?"

【反思】

1.本节课教师精细化备课,在认真分析教学任务和学生认知情况的基础上,精心设计学案、精心实施教学,通过三组质疑式提问,引导学生质疑.虽然,这节课教学过程不是特别完整,但是学生基本上都完成了教师预想的学习目标.

2.本节课的教学实施给了我们一些有益的启示.由于过去课堂教学中学生的主体地位体现不够,本节课刚开始时,学生相互间的讨论显得冷清,参与度不够.但是,在教师不断地启发、鼓励、引导和质疑下,学生逐步参与到了课堂教学活动中,到了20分钟以后,学生们的课堂讨论活跃多了,他们认真地思考、认真地在学案上按照老师要求完成学习任务.课堂教学活动由被动转化到主动.

3.学生在做题时,反映出解题的训练不够,例如:不能顺利地找到解题的起始思维,遇到思路受阻时,不能有效地从困境中走出来,解题的表述方式不够合理、规范,笨重的推理,常有计算错误等,这些应该引起重视.在课堂教学时,应引导学生学会利用"观察——联想——转化——反思"的模式去思考和做习题.

4.课后专家组和CXY老师对这节课做了较为深入的反思,重新设计了如下的质疑式问题链:

① 什么是方程?什么是分式方程?

② 分式方程与一元一次方程有何联系?有什么区别?

③ 怎样解可化为一元一次方程的分式方程?

④ 怎样去分母?去分母时注意什么?

⑤ 解方程$\dfrac{1}{x-1}=\dfrac{2}{x^2-1}$,从中你能得到什么结论?

⑥ 为什么解分式方程要检验?怎样检验?

⑦ 今天的学习你有何收获?最大的收获是什么?

【案例3】 16.2.2 分式加减(一)①

一、教学任务分析

1.本节课是八年级下册第十六章"分式"第二单元"分式的运算"的第2课时教学内容,是学生在学习了分式的乘除之后对分式加减运算的继续学习.

2.这节课的主要教学任务是引导学生基于分数与分式的共同特征,从分数的

---

① 这个案例收集于2011年3月15日,授课教师是被邀请到昆明市第十九中学上质疑式教学研究课的高级教师GZZ老师.

加减法类比归纳出分式加减法的运算法则.通过探索归纳得出同分母和异分母分式加减法计算的主要步骤是这节课的关键点.

3.鉴于分式运算是学习有理函数的基础,因此对分式加减法的计算,不仅要求学生运算正确,还要求思路清晰、运算步骤合理.

4.基于对教学内容的分析,GZZ老师设计了如下的学习目标:

(1)探究出分式加减的运算法则;

(2)能熟练地进行分式的加减运算.

备注 这个目标体系缺乏知识目标和情感、态度价值观目标.通过观课,专家组建议将学习目标修改为:

(1)掌握分式加减的运算法则,能熟练地进行分式的加减运算;

(2)通过分数与分式概念、性质、运算法则的类比,探究分式加减的运算法则;

(3)在学习中,养成观察、联想、类比、反思的习惯,形成严谨的态度.

5.考虑到学习目标的达成,GZZ老师设计了两组问题和相应的两组练习.第一组问题用于指导学生探究同分母分式的加减,练习则是对法则的巩固;第二组问题用于探究异分母分式的加减,练习的作用是对法则的巩固.最后,还设计了一组当堂检测,以检测学习目标的完成度.

二、教学过程

1.创设情境:某人用电脑录入汉字文稿的效率相当于手抄的3倍,设他手抄文稿的速度为a字/时,那么他录入3000字文稿比手抄少用多少时间?

解 根据题意,得

$$\frac{3000}{a} - \frac{3000}{3a}$$

2.出示学习目标:

(1)探究出分式加减的运算法则;

(2)能熟练地进行分式的加减运算.

3.问题一:

(1)请计算:$\frac{1}{5} + \frac{2}{5} = ?$ $\frac{1}{5} - \frac{2}{5} = ?$

(2)你认为:$\frac{a}{c} + \frac{b}{c} = ?$ $\frac{a}{c} - \frac{b}{c} = ?$

(3)从以上计算你能得出同分母的分式应该如何加减吗?

练习一:你会算吗?

(1) $\dfrac{3b}{x} - \dfrac{b}{x}$ (2) $\dfrac{2b}{a+b} - \dfrac{b}{a+b}$

(3) $\dfrac{x}{x-y} + \dfrac{y}{y-x}$ (4) $\dfrac{x^2}{x-y} - \dfrac{y^2}{x-y}$

从以上计算,你觉得计算中应该注意些什么?

4.问题二:

(1)请计算:$\dfrac{1}{2} + \dfrac{2}{3} = ?$

(2)你认为:$\dfrac{a}{b} + \dfrac{c}{d} = ?$ $\dfrac{a}{b} - \dfrac{c}{d} = ?$

(3)从以上计算你能得出异分母的分式应该如何加减吗?

练习二:你会吗?

(1) $\dfrac{3}{a} - \dfrac{1}{4a}$ (2) $\dfrac{2m}{5m^2n} - \dfrac{3n}{10mn^2}$ (3) $\dfrac{2x}{x^2-y^2} - \dfrac{1}{x-y}$

从以上计算,你觉得计算中应该注意些什么?

教师对这两组问题的处理方式是"师生共做",通过类比概括得到:同分母分式的加减法法则——分母不变,分子相加、减;异分母分式的加减法法则——先通分,变为同分母分式,再加、减.

教师对两组练习的处理方式是让学生小组合作学习,每组派代表上黑板板演和交流.学生在做练习时,教师的注意力非常集中,一方面观察各小组间完成习题的情况,另一方面关注在黑板前学生的板演的表现.在点评学生的练习时,一方面关注演算思路的合理性,另一方面,关注练习表达和结论的正确性.两组问题的探究和练习各用时18分钟.之后是达标测验.

本节课教师成功地调动了学生的学习心向,学生的学习参与度很高,每个学生都认真地思考、认真地在学案上按照老师要求完成学习任务.但是,学生在做题时,也反映出"双基"不够扎实,解题时对题目的观察、转化不够,思路比较单一.针对这些问题,教师在点评时有意识地作了一些引导.

5.当堂测试:

计算:

(1) $\dfrac{x+1}{x} - \dfrac{1}{x}$ (2) $\dfrac{x}{x-1} + \dfrac{1}{1-x}$ (3) $\dfrac{a}{a^2-9} + \dfrac{3}{a^2-9}$

(4) $\dfrac{1}{2c^2d} + \dfrac{1}{3cd^2}$ (5) $\dfrac{3}{2m-n} - \dfrac{2m-n}{(2m-n)^2}$

(6) $\dfrac{2a}{a^2-b^2} - \dfrac{1}{a+b}$ (7) $\dfrac{2x}{x^2-4} + \dfrac{1}{2-x}$

考虑到此时实际教学时间已用36分钟,上课前因为改动学生课桌椅的摆设占用了3分钟,教师只要求学生完成达标测验的前3题,然后利用课件进行解答,要求学生自行订正达标测验.学案上没有时间处理的内容留作课后练习.

6. 小结:

在这个环节,教师利用如下的问题:

(1)如何进行同分母分式的加减?

(2)如何进行异分母分式的加减?

(3)在分式加减运算中应注意什么?

引导学生进行学习小结.前面的两组练习的总结,学生发言的积极性不够,总结的内容也不够深刻.但是,经过GZZ老师的鼓励、启发和引导,最后的课堂小结,气氛活跃多了.经过学生对分式加减的计算体验,学生们总结出了一些分式加减法的计算体验,如:在计算前,要仔细观察;可以先因式分解或先化简,再通分;计算完了以后要检验,特别是要把运算结果化成最简分式等.在比较轻松愉快的氛围下,教师完成了本节课教学任务.

【反思】

1. 本节课的教学流程为:创设情境——出示目标——提出问题——解决问题、建构知识——达标检测——总结. 课后评课时,大家认为,这个教学流程在一定程度上体现了质疑式教学模式.

2. 但是,按照"质疑式"教学模式的思路,尚有三个需要改进的地方:

第一是情境的创设与学习目标之间的联系不够紧密.其实,完全可以利用教材上的现成情境.

第二是问题链的设计和学习目标之间的联系不够紧密.紧扣住学习目标可设计如下的问题链:

(1)分数与分式在概念上、性质上和运算法则方面有哪些相似的地方?

(2)请计算 $\dfrac{1}{5}+\dfrac{2}{5}, \dfrac{1}{5}-\dfrac{2}{5}$,由此您认为 $\dfrac{a}{c}+\dfrac{b}{c}, \dfrac{a}{c}-\dfrac{b}{c}$ 应该等于什么?通过对这个问题的思考,同分母的分式应该如何加减?

(3)请计算 $\dfrac{1}{2}+\dfrac{2}{3}$,由此您认为 $\dfrac{a}{b}+\dfrac{c}{d}, \dfrac{a}{b}-\dfrac{c}{d}$ 应该等于什么?通过对这个问题的思考,异分母的分式应该如何加减?

(4)在分式的加减运算中,应该注意什么?

(5)您怎么评价您这节课的学习表现?您认为自己的学习达到了学习的目标了吗?

第三是学生自主、合作学习时在某些环节需要再放手一些,学生间的交流互动还应该再加强一些.

3.专家组在课后的评价中给出了如下的意见:

① 这节课教学中各个环节逻辑联系较好;

② 教学的各个环节都较好地体现出学生自主、合作学习的主体地位作用;

③ 教师采取"师生共做"和"做中学"的方式,符合学生的认知规律和本节计算课的特点,效果明显;

④ 教师的主导作用表现较好.如:导学案的设计有针对性,对学生学习方法、习惯有指导作用,教师组织和引导学生开展小组合作学习有效.

【案例4】 一元二次方程的解法——配方法①

教学过程如下所述:

一、出示学习目标

1.初步掌握配方法;知道配方是一种常用的数学方法.

2.在探究过程中,运用观察、联想、概括的方法总结出配方法解一元二次方程的基本步骤,并能熟练应用配方法解决一些具体问题.

3.在学习过程中,养成观察、联想、质疑的习惯,逐步形成严谨的态度,感知配方法的作用是给一元二次方程进行"降次".

学生依据学案,在自学的基础上交流.

教师在学案上设计的第一组练习是:填上适当的数或式,使下列各等式成立:

(1) x^2+8x+ _____ $=(x+$ _____ $)^2$;

(2) x^2-10x+ _____ $=(x-$ _____ $)^2$;

(3) x^2-5x+ _____ $=(x-$ _____ $)^2$;

(4) x^2-9x+ _____ $=(x-$ _____ $)^2$;

(5) x^2-x+ _____ $=(x-$ _____ $)^2$;

(6) x^2+bx+ _____ $=(x+$ _____ $)^2$.

教师开始质疑:"观察上面六个等式中,左边横线和右边横线上填的常数与一次项系数之间的关系是什么?"(质疑1)

---

① 这个案例收集于 2011 年 9 月 29 日,是实验教师 CXY 老师上的质疑式教学研究课.

师生一道观察、归纳、总结,得出:左边横线上所填常数等于一次项系数一半的平方.

二、知识回顾

教师利用多媒体展示了完全平方公式

$$a^2+2ab+b^2=(a+b)^2$$
$$a^2-2ab+b^2=(a-b)^2$$

师:"请同学们解下列方程:(1)$x^2+2x+1=9$;(2)$(x-6)^2=9$;(3)$4x^2+16x+16=9$."

师:"你在解上面的方程时,发现有什么规律吗?"(质疑2)

(学生思考片刻后,师生一道进行总结)

上面的方程都能化成$(mx+n)^2=p(p\geq 0)$的形式,那么可得$mx+n=\pm\sqrt{p}$ $(p\geq 0)$.

(三)创设情境、提出问题

教师利用课件创设如下的问题情境:

问题1:要使一块矩形场地的长比宽多6 m,并且面积为16 m²,场地的长和宽应各是多少?

在学生思考、动手列式、交流的基础上,采用"师生合作"的方式,对问题1进行解答.

解 设场地的宽为x m,长为$x(x+6)$ m,根据矩形面积为16 m²,列方程

$$x(x+6)=16$$

即$x^2+6x-16=0$.

师:"同学们,这个方程要怎么解?解这个方程能否直接用上面三个方程的解法呢?"(质疑3)

四、合作探究

某个学习小组的探究过程为:

$x^2+6x-16=0\to$变形为:$(x+3)^2=25$.教师质疑:"这个变形的实质是什么?"该小组的同学回答:"是将原方程变形为:$(\cdots)^2=a(a$为非负数),这样可用上面的第二个方程的求解方法解这个题目."

教师在学生探究的基础上进一步归纳如下:

如果方程化成$x^2=p$或$(mx+n)^2=p(p\geq 0)$的形式,那么可得$x=\pm\sqrt{p}$ $(p\geq 0)$或$mx+n=\pm\sqrt{p}(p\geq 0)$,化成了两个一元一次方程.

在学生对一元二次方程解法有了初步的感悟后,教师以提问的方式再次进行质疑.

师:"以上解法中,为什么在方程 $x^2+6x=16$ 两边加 9?依据是什么?加其他数行吗?"(质疑 4)

师:"在这里配方的目的是什么?怎样把一元二次方程转化为两个一元一次方程来解呢?"(质疑 5)

教师引导学生针对上述两个问题进行了讨论,在同学充分发表意见的基础上,教师用课件进行概括:

可以看出,使用配方法的目的是为了降次,以便于把一元二次方程转化为两个一元一次方程来解.像上面那样,通过配成完全平方形式来解一元二次方程的方法,叫做配方法.

教师让同学概括用配方法解一元二次方程的方法和步骤,接着讲解例题.

例 1 用配方法解方程 $x^2-6x-7=0$.

(解答略)

处理例 1 的方法是"师生共做",目的是让学生进一步熟悉用配方法解一元二次方程的方法和步骤.之后,教师又给出了例 2(将配方法拓展到二次项系数不为"1"的情况),并提出了下面的问题:

例 2 你能用配方法解方程 $2x^2+x-6=0$ 吗?按前面的方法行吗?

教师提问:"该题二次项系数不为'1',又该怎么办?"(质疑 6)

学生思考,教师观察到一部分学生已有想法,教师启发:"想一想用配方法解一元二次方程的一般步骤有哪些?"

生:"化系数,即设法把二次项系数化为 1;移项,即把常数项移到方程的右边;配方,即方程两边都加上一次项系数一半的平方;开方,即根据平方根的意义,方程两边开平方;求解,即解一元一次方程;定解,即写出原方程的解."

例 3 用配方法解下列方程,下列方程都有解吗?

(1) $x^2-8x+1=0$; (2) $2x^2+1=3x$; (3) $3x^2-6x+4=0$;

(4) $(x-1)^2=-\dfrac{1}{3}$.

(解答略,待学生对用配方法解一元二次方程有所体验后,教师质疑)

师:"你认为解一元二次方程需要注意些什么?"(质疑 7)

五、课堂小结

(课堂小结分为两个部分,一是对知识内容进行总结;二是用质疑、反思的方法总结学习目标的达成情况.)

师生共同总结,本节课学习了:

1.配方法:通过配方,将方程的左边化成一个含未知数的完全平方式,右边是一个非负常数,运用直接开平方求出方程的解的方法.配方时(在二次项系数为1时),等式两边同时加上的是一次项系数一半的平方.

2.用配方法解一元二次方程 $ax^2+bx+c=0(a\neq 0)$ 的步骤:

(1)化二次项系数为1;

(2)移项;

(3)配方;

(4)开平方;

(5)写出方程的解.

3.教师质疑:"今天这课的学习目标你达到多少?"

(1)本节课复习了哪些旧知识呢?

(2)你知道什么是配方法吗?配方是为了什么?

(3)你会用配方法求一元二次方程的解吗?

(4)你认为解一元二次方程需要注意些什么?

对教师提出的第(1)个问题,学生回答:"本节课复习了平方根的意义,即如果 $x^2=a$,那么 $x=\pm\sqrt{a}$.我们还复习了完全平方式,即式子 $a^2\pm 2ab+b^2$ 叫完全平方式,且 $a^2\pm 2ab+b^2=(a\pm b)^2$."

对教师提出的第(2)个问题,学生回答:"通过配成完全平方式的方法得到了一元二次方程的根,这种解一元二次方程的方法称为配方法.配方法是解一元二次方程的一种重要方法,配方法的目的是为了降次.用配方法可以推导出一元二次方程的求根公式."

对教师提出的第(3)个问题,学生回答了解一元二次方程的步骤,即

(1)化1:把二次项系数化为1;

(2)移项:把常数项移到方程的右边;

(3)配方:方程两边都加上一次项系数绝对值一半的平方;

(4)变形:方程左边分解因式,右边合并同类项;

(5)开方:根据平方根的意义,方程两边开平方;

(6)求解:解一元一次方程;

(7)定解:写出原方程的解.

对教师提出第(4)个问题,学生回答:"配方时(在二次项系数为1时),等式两边同时加上的是一次项系数一半的平方."

六、布置作业(略)

【反思】

1. 本节课的设计意图是体现"再创造"教学. 弗莱登塔尔的博士研究生特莱弗斯对"再创造"教学给出了如下的一些建议:

① 在学生当前的现实中选择学习情境,使其适合数学化水平.

② 为纵向(垂直)数学化提供手段和工具.

③ 在教与学的过程中,观察和强化训练相结合,动手操作与师生双方的共同概括相结合. 师生双方相互影响意味着教师与学生既都是动因,同时又都对对方起作用,教与学是相辅相成的.

④ 承认和鼓励学生自己的成果. 这是有指导的"再创造"教学中最基本的一条原则. 每个人都有自我价值实现的愿望,自我价值的实现对学生积极主动的高效学习有极大的推动作用,是学生学习愿望的源泉. 这正如苏联教育家苏霍姆林斯基所说:"儿童学习愿望的源泉,就在于进行紧张的智力活动后体验到取得胜利的欢乐."

⑤ 将所学的各个部分结合起来. 对所学的各个部分的结合应尽可能早地组织,并且应该尽可能延续得更长,并尽可能不断地加强. 在不可避免地出现杂乱状态时,唯一可以继续下去的机会就是能够和别的内容联系起来,使之成为一个交织的起点,并合乎逻辑地延续下去.

这个教学设计比较好的体现了"再创造"教学设计的特点.

2. 这节课的教学流程为:

(1)课前预习

CXY老师在课前布置同学预习教材,为了让同学们在预习时能更好地把握教材编写的意图,提出了如下的五个问题:

① 什么叫一个数的平方根? 如何用符号表示?

② 根据平方根的定义,只有什么数才有平方根?

③ 什么叫开平方?

④ 给出下列各数:$49, -\dfrac{2}{3}, 2, 0, -4, -(-3), -(-5), 4$,其中有平方根的数是哪些?

⑤ 什么是完全平方式?

(2)出示学习目标

(3)导课(教学的先行组织者)

教师让同学们在学习单上进行配方练习(共6个题).如:$x^2+8x+\underline{\quad}=(x+\underline{\quad})^2$;$x^2-10x+\underline{\quad}=(x-\underline{\quad})^2$;…

(4)创设情境,提出问题

通过对问题1的解决,初步感悟用配方法解一元二次方程.

(5)探索新知

这个教学环节是这节课的重点和核心.教师的处理有如下的特点:

① 方式为:提出问题——质疑——思考、交流、归纳——发现规律和方法.

② 抓住了配方法实施的关键进行质疑:

质疑1:观察上面六个等式中,左边横线和右边横线上填的常数与一次项系数之间的关系是什么?

质疑2:你在解上面的方程时,发现有什么规律吗?

质疑3:同学们,这个方程要怎么解?解这个方程能否直接用上面三个方程的解法呢?

质疑4:以上解法中,为什么在方程 $x^2+6x=16$ 两边加9?依据是什么?加其他数行吗?

质疑5:在这里配方的目的是什么?怎样把一元二次方程转化为两个一元一次方程来解呢?

质疑6:该题二次项系数不为'1',又该怎么办?

质疑7:你认为解一元二次方程需要注意些什么?

教师通过质疑让学生处于"愤"、"悱"的状态,让学生在"做数学"的过程中逐步"再创造"出解一元二次方程的步骤.

③ 教学中特别注重数学思想方法(化归思想)的渗透.化归思想在这节课里主要体现在两个方面:一是利用配方的方法将一元二次方程化归为两个一元一次方程;二是利用配方法实现对一元二次方程进行降次,让学生在比较充分的体验、感悟、交流的基础上"再发现".

(6)迁移巩固

教师选择三个一元二次方程让学生进行迁移练习,其中第三个方程无解,形成了对解一元二次方程的再次质疑.

(7)课堂小结

这节课的课堂小结也非常有特色.在知识小结方面关注对配方法的总结;在过

程方法方面,关注学习目标的完成度;在情感、态度价值观方面,关注学习的过程和体验.

3. 整节课教学设计较为缜密,教学实施突出学生的主体地位,把注意力放在引导学生的"再创造"上,课程小结能够让三个维度的教学目标进行整合.

【案例5】 19.1.2 三角形中位线[①]

这节课是人教版数学八年级下册第19章中的教学内容,教材设计的特点是将"三角形中位线定理"作为平行四边形判定的一个应用,通过延长三角形中位线后,构造平行四边形,然后利用平行四边形的性质得出:三角形的中位线平行于底边且等于底边的一半. 该节课的教学过程如下:

一、出示学习目标

1. 知道三角形的中位线,能用自己的话叙述三角形中位线定理.

2. 通过复习平行四边形的判定,联想到在三角形中作出恰当的辅助线,通过转换的手段,发现三角形中位线定理的证明方法.

3. 在学习中,养成质疑、反思的习惯,感悟数学推理的严谨性,学习用规范的数学语言表述定理的证明.

二、温故知新

(教师采用"质疑提问"的方式复习旧知,为引入新知做准备)

师:"同学们,我们已经学过平行四边形,那么它有什么性质呢?"

在学生回答后,教师用课件进行了概括

$$\text{平行四边形的性质:}\begin{cases}\text{边:平行四边形的对边平行且相等}\\\text{角:平行四边形的对角相等邻角互补}\\\text{对角线:平行四边形的对角线互相平分}\end{cases}$$

师:"我们知道平行四边形是一种特殊的四边形,在实际生活和问题解决中,经常会用到它的性质,那么,怎么判定一个四边形是平行四边形呢?"

待学生回答后,教师进一步启发:"同学们能否从'边的关系'、'角的关系'和'对角线的关系'去总结平行四边形的判定呢?"

现在,教师采用"师生共做"的方式,与学生一道总结了平行四边形的判定方法:

① 从边与边的关系判定,即两组对边分别平行的四边形是平行四边形;一组对边平行且相等的四边形是平行四边形;两组对边分别相等的四边形是平行四边形.

② 从角与角的关系判定,即两组对角分别相等的四边形是平行四边形.

---
① 这个案例收集于2012年4月19日,是实验教师CJ老师上的质疑式教学研究课.

③从对角线的相互关系判定,即对角线互相平分的四边形是平行四边形.

三、新课探究

师:"我们学过三角形的中线,联结三角形的顶点和对边中点的线段叫三角形的中线.我们还知道:三角形的每一条中线能把三角形的面积平分;三角形的中线相交于同一点.今天我们要学习三角形中的另一种特殊线段,叫做三角形的中位线."

1.定义:联结三角形两边中点的线段叫三角形的中位线.如图7.1中的DE,它是△ABC的中位线.

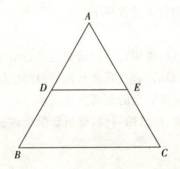

图 7.1(1)　三角形中位线示意图

2.三角形中位线性质的探究.下面教师采用质疑式问题链,促进学生去探究三角形中位线的性质.

老师首先请同学们思考下述几个问题:

(1)一个三角形有几条中位线?三角形的中位线与三角形的中线有什么区别?

(2)这些中位线把三角形分成几个三角形?

(3)你能发现三角形的中位线有什么性质吗?

师:"要探究三角形中位线的性质,我们可以在特殊的三角形,例如等边三角形中去探究.如图 7.1(1),在等边△ABC中,$AD=BD$,$AE=EC$,请同学们思考△ADE是什么三角形?DE是△ABC的什么线?DE与BC有什么样的位置关系和数量关系?一般的三角形的中位线与第三边有什么样的位置关系和数量关系呢?"

在教师的质疑引导下,同学们发现对等边三角形而言,$DE=AD=\frac{1}{2}AB$,又$\angle ADE=60°=\angle B$.所以,$DE//BC$.由此,猜想出:对一般三角形而言,三角形的中位线平行于底边,且等于底边的一半.教师引导学生去验证这个猜想.

3.验证猜想.

已知:在 ABC 中,DE 是△ABC 的中位线.

求证:$DE \parallel BC$,且 $DE = \frac{1}{2}BC$.

同学们对从等边三角形的情形转到一般三角形的情形感到一时无从下手,教师又使用了质疑式提示语:"同学们,前面我们复习过平行四边形的判定,要证明三角形中位线的性质,能否利用平行四边形的判定呢? 换句话说,在图7.1(2)中,有没有平行四边形?"学生观察后,找不到平行四边形.教师再提示:"我们能不能在图中构造一个平行四边形呢?"

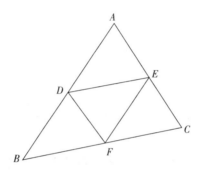

图 7.1(2)三角形中位线示意图

有些学生想到可以在图7.1(2)中延长 DE 至点 F,使 $EF = DE$,然后连 CF,则 △AED≌△CEF. 也有些同学想到,延长 DE 至点 F,使 $EF = DE$,然后连 AF 和 CD,则四边形 ADCF 为平行四边形. 不管是哪一种方法,都可以使问题得到证明.

证 法1:如图 7.2,延长 DE 到点 F,使 $EF = DE$,联结 CF.

因为 $DE = EF$,$\angle 1 = \angle 2$,$AE = EC$,所以△ADE≌△CFE,从而 $AD = FC$,$\angle A = \angle ECF$. 于是,有 $AB \parallel FC$.

又 $AD = DB$,所以 $BD \parallel CF$ 且 $BD = CF$. 从而可知,四边形 BCFD 是平行四边形. 于是,$DF \parallel BC$,$DF = BC$,即 $DE \parallel BC$.

又因为 $DE = \frac{1}{2}DF$,所以 $DE = \frac{1}{2}BC$.

法2:如图 7.2,延长 DE 至点 F,使 $EF = DE$,连 CD,AF,CF.

因为 $AE = EC$,$DE = EF$,所以四边形 ADCF 是平行四边形,于是 $AD = FC$.

又 D 为 AB 中点,所以 $DB = FC$. 从而可知,四边形 BCFD 是平行四边形. 故 $DE \parallel BC$ 且 $DE = EF = \frac{1}{2}BC$.

教师板书:三角形的中位线的性质定理:

三角形的中位线平行于第三边,并且等于它的一半.

用符号语言表示:因为 $AE=EB, AD=DC$,所以 $DE /\!/ BC, DE=\frac{1}{2}BC$.

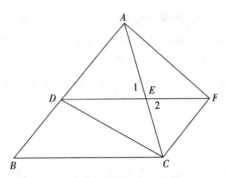

图 7.2　三角形中位线定理的证明示意图

4. 练一练:

(1)如图 7.1(2),在 △ABC 中,D,E 分别是 AB,AC 的中点,BC=10 cm,则 DE=_____.

(2)如图 7.1(2),在 △ABC 中,D,E 分别是 AB,AC 的中点,∠A=50°,∠B=70°,则 ∠AED=_____.

(3)口答:如图 7.1(2),① 三角形的周长为 18 cm,这个三角形的三条中位线围成三角形的周长是多少? 为什么? ② △DEF 的周长与 △ABC 的周长有什么关系? ③ △DEF 的面积与 △ABC 的面积有什么关系?

(4)如图 7.3 左图,E 是平行四边形 ABCD 的 AB 边上的中点,且 AD=10cm,那么 OE=_____ cm.

(5)如图 7.3 右图,如果 $AE=\frac{1}{4}AB, AD=\frac{1}{4}AC, DE=2$ cm,那么 $BC=$ _____ cm.

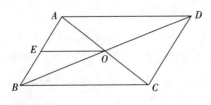 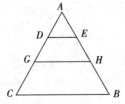

图 7.3　三角形中位线练习示意图

5.小结

师:"今天我们主要学习了三角形的中位线定义和三角形的中位线定理.三角形的中位线定理不仅给出了中位线与第三边的关系,而且给出了它们的数量关系.在三角形中给出一边的中点时,往往可以寻找另一边的中点,将问题转化为中位线,然后用中位线定理予以解决.请同学们课后思考三角形的中位线定理的发现过程和证明过程用到了什么数学思想方法(包括作图、实验、猜想、分析、归纳等)."

6.作业布置(略)

【反思】 以往教材对三角形中位线定理的处理,是将其放在"平行线截割定理"之后,作为该定理的一个应用,证明中位线平行于底边的方法是"同一法",证明三角形中位线等于底边的一半则转化为证明△ADE≌△DBF(见图7.1(2)).现行教材没有介绍"同一法",因此,将该定理作为平行四边形判定的一个应用.

这节课教学的主要内容是用"发现法"先发现三角形中位线定理,然后再予以证明.由于在图7.1中,很难观察和联想到平行四边形的判定和三角形中位线的关系,因此,教师在进行教学设计时,先对平行四边形的性质和判定做了比较深入的复习,以此作为教学的"先行组织者";然后,从等边三角形这个特殊情况去发现三角形中位线定理,再运用质疑式提示语和问题链,引导学生通过作辅助线的方法,得到这个定理的证明.采用质疑式教学,不但可以给学生思考数学问题时指明方向,而且在调动学生积极思维的基础上,学生自主地运用化归的思想得到了两种证明方法.在这节课中,质疑的作用,一是引导思考的方向,二是降低思维的难度,三是调动学生的学习主动性.

在这一章中,根据研究中收集到的课例和教案,论述了质疑式教学设计的特征和方法,剖析了一些较有代表性的数学质疑式教学设计案例.这些案例从教学实验的层面比较客观地反映了教学实验的过程,后面两个案例反映出实验后期昆明市十九中学课堂教学的变化.

第 8 章 数学质疑式教学理论的再探究

求"学问",需学"问";只学答,非"学问".

——李政道

基础理论研究是以教育基本理论为指导的.针对教育实践中带有普遍性的问题进行理论探索,对教育科学的基本原理加以推广或引申,提出适合具体教育活动的指导性原则与原理,为解决教育内部某些方面的共性问题提供理论依据,都是基础理论研究的内容.基础理论的研究应该和实际应用"嫁接",成为"操作化"的基础理论,为实际应用奠定直接而现实的基础[①].

为了从更新的角度、更深的层次、更广的维度认识初中数学质疑式教学,在第 4 章理论研究、第 5 章调查研究、第 6 章实验研究和第 7 章质疑式教学设计的基础上,这一章将结合教学案例,以系统论的原理为指导,分析数学质疑式教学系统,在此基础上建构数学质疑教学的基本模式.

8.1 数学质疑式教学的基本特征

特征是人或事物所具有的独特的地方[②].数学质疑式教学有自身独特的地方,因而有必要先讨论初中数学质疑式教学模式的特征.

(1)还课堂给学生

学习是指人的知识经验的获得及行为变化的过程.学生是学习的主体,是课堂教学实施的关键.传统教学意义下,教师"满堂灌"的课堂已不能唤起学生学习的欲望,不能激发学生学习的热情.学生的学习,是在人类发现基础上的再发现,是在教师指导下有目的地进行的.由于数学学习的主要内容是形式化的"思想材料",主要活动是思想实验:"思考——思考——再思考",其"再创造"的程度也比其他学科高,并且数学学习还要求较强的抽象概括能力.所以,只有当学生对学习内容有了一定的了解、学习兴趣和疑问时,教师"点拨"和"引导"学生的思维才有基础.从这

[①] 温忠麟.教育研究方法基础[M].北京:高等教育出版社,2009:21.
[②] 中国科学院语言研究所词典编辑室.现代汉语词典[M].北京:商务印书馆,1979:1113.

个意义上说,数学教学要还课堂给学生.

(2)以"质"为"启"

数学质疑式教学的第一个特点是:通过师生、生生、生师之间的质疑,把学生带入"愤"、"悱"的境地,进而启发学生思考,最终让学生学会思考、学会学习.

下面来看一个案例:

【案例】 1.5.1乘方[①]

一、创设情境

问题一:你吃过拉面吗?如图工人师傅第一次将一根拉面的两头捏合变成2根、第二次再将两头捏合变成4根……这样拉下去,则第n次将拉得多少根?

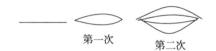

第一次　　第二次

二、展示学习目标

(在学生对问题一有所思考的基础上,教师出示了如下的学习目标)

1.通过质疑与思考,掌握乘方的意义;

2.在解题过程中,形成解题体验并能较迅速和准确地进行乘方运算.

三、新课质疑

1.请同学们自习课本P41～42,并回答下列问题:

(1)边长为a的正方形面积为_____;

(2)棱长为a的正方体体积为_____;

(3)$a \cdot a$简记为_____,读做_____;

(4)$a \cdot a \cdot a$简记为_____,读做_____;

(5)猜想:n个a相乘,即$a \cdot a \cdot \cdots \cdot a$记为_____,读做_____;

(6)_____叫做乘方,乘方的结果叫做_____;

(7)在幂a^n中,底数是_____,指数是_____,读做_____;

(8)在幂9^4中,底数是_____,指数是_____,读做_____;

2.请同学们利用乘方的意义计算.

例1 $(-2)^3$底数是_____,指数是_____,相当于_____个_____相乘.

质疑式问题链:

---

① 这个案例收集于2011年9月29日,授课教师是北师大昆明附中的GZZ高级教师.这是GZZ老师在昆明市第十九中学借班上的一节质疑式教学研究课.

(1)应该怎样计算$(-2)^3$？

(2)由此你能总结出乘方运算该怎样算吗？

例 2 计算下列各题：

(1)1^2　(2)2^3　(3)0^5　(4)$(-2)^3$　(5)$(-3)^2$　(6)$\left(-\dfrac{2}{3}\right)^3$

从以上练习,你发现幂的正负有什么规律？

(通过生生质疑、师生质疑,教师归纳总结)

幂的正负规律：

① 0 的任何正整数次幂都是 0；

② 正数的任何正整数次幂是正数；

③ 负数的奇次正整数幂是负数；

④ 负数的偶次正整数幂是正数.

四、练习质疑

1. $(-2)^2$ 底数是_____,指数是_____.

2. -2^2 底数是_____,指数是_____. $(-2)^2$ 与 -2^2 相同吗？你会算吗？

3. 计算：

(1)$(-1)^{2011}$　(2)$(-1)^{2012}$　(3)-1^{2010}　(4)$(-5)^3$

反思质疑：从以上的练习,你能告诉同学乘方运算应该注意些什么吗？

五、当堂测验

1. $(-3)^3$ 底数是_____,指数是_____；

2. -4^2 底数是_____,指数是_____；

3. 计算下列各题：

(1)$(-2)^4$　(2)$\left(-\dfrac{4}{3}\right)^2$　(3)$-1^{2010}\times(-2)^3$

六、小结质疑

教师通过下列的质疑式引导语："① 我知道了……"；"② 我学会了……"；"③ 我发现了……"让同学们对该节课的内容进行自我小结.

七、作业布置(略)

八、课后质疑

(为了让同学们更深入地理解乘方的概念和运算,教师布置了一个课后思考题)

问题：如果有足够长的厚为 0.1 毫米的纸,大约折叠多少次能达到珠穆朗玛峰的高度?

【反思】"启发"一词最早来源于孔子的经典论断"不愤不启,不悱不发.举一举不以三隅反,则不复也."①"启"意味着教师开启思路,引导学生解除疑惑."发"意味着教师引导学生用通畅的语言表达和交流思维的内容."启"的前提是"愤"(学习者有疑难而又想不通的心理状态),"发"(学习者经过独立思考,想表达而又表达不出来的困境)的前提是"悱".启发的时机是学习者处于"愤"、"悱"之时,即学生达到思维激活、情感亢奋的心理状态.启发的核心是开启学生的思维、点拨学生的思路,使学生思维处于主动积极的状态,经过思考得出问题的结论.这一节课的学习内容比较容易,教师先让学生自己预习,再解决问题,这样有助于提高学生的自学能力.接着通过练习这个环节,对学生学习中的难点、关键点进行质疑,启发学生思维.学生在预习和做题的过程中,自觉地进入了"愤"、"悱"的境地,进而教师再启发学生思考.通过这样的过程最终让学生学会思考、学会学习.

但是,由于学生才刚刚接触质疑式教学这种形式,学生们尚不习惯向教师质疑.在今后的教学实践中,要有意引导学生向教师质疑.

(3) 以"疑"导"思"

在当前的数学教学中,以班级授课制为主要的教学形式.学生学习的主动性和良好的学习心向,除需要学习者有较强的自我意识外,还有赖于教师的激发.一些现代对"启发式"教学的研究结论指出,教师的激发不局限于等到学生自己"愤悱"时,教师才开始引导②.当学生没有"愤悱"时,教师应该创设富有启发性的教学情境,诱发问题,使学生产生疑难和困惑,形成认知冲突,在此基础上引起"愤悱",教师以此为基础再进一步加以启发.所以,在数学质疑式教学中要以"疑"导"思".

中国古代的名著《学记》中提出:"道而弗牵,强而弗抑,开而弗达"③,其含义为引导学生而不牵着学生走,鼓励学生而不强迫学生走,启发学生而不代替学生达成结论.因此,在以"疑"导"思"的过程中,关键是创设"愤悱"的数学教学情境,以产生认知冲突,形成认知和情感的不平衡态势,从而启迪学生主动积极思考,引导学生学会思考.通过点拨思路和方法,使学生数学思维活动得以发生和发展,数学知识、经验和能力得到生长,以从中领悟数学的本质,达到教学目标的过程.

再举一个案例:

---

① 程昌明.论语[M].呼和浩特:远方出版社,2004:65.
② 韩龙淑.数学启发式教学研究[D].南京:南京师范大学,2007:55.
③ 傅任敢.《学记》译书[M].上海:上海教育出版社,1981:17.

【案例】 怎样作点 A 在直线 a 上?[①]

教学过程片段:

在七年级下学期的一节几何课中,教师布置了一道课堂练习:作点 A 在直线 a 上.教师指定三名同学到黑板前板演.三名同学的作法是(见图 8.1)

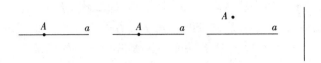

图 8.1 以"疑"导"思"的案例

教师请同学们判断这三位同学做对了没有?同学们齐声回答:"前两名同学做对了,第三名同学没做对."

教师心里很清楚,同学们其实没有真正的理解,为什么前两名同学做对了,第三名同学没做对.因此,他把第三名同学留在黑板前,让他在图 8.1 中作点 A 在直线 a 上.这名同学作不出来,同学们也在思考.见时机已到,教师进行解释:"同学们,几何学中的'结合关系'是指'点 A 在直线 a 上'或'直线 a 经过点 A',前两名同学作的是'直线 a 经过点 A',第三名同学作的是'点 A 在直线 a 上方',因此,前两名同学做对了,第三名同学由于中文中'上'字的干扰,出现了理解错误,因此,他的作图是不对的."……

【反思】 这是一个以"疑"导"思"的教学案例."结合关系"、"顺序关系"和"合同关系"是几何公理体系中的三个基本关系,是几何学习的基础.但是,学习者对这三个基本关系,特别是对"结合关系"常常存在理解上的偏差,导致错误.例如,"作直线 EF 经过点 C",常常见到教师或学生都是先作出点 C,再作直线 EF,这违背了作图公法.在作图公法中,经过两点才能作线段或直线,经过一点是不能作直线的.因此,这个题目先要运用"结合关系"将原作图题转化为作"点 C 在直线 EF 上"才能正确作出图形.这个案例中,教师巧妙地运用"变式教学法",让同学们处于"愤"的心理状态,以"疑"导"思",通过有针对性的启发,让同学们对"结合关系"有了更为深入的理解.

概括地说,数学质疑式教学的基本特征首先是还课堂给学生,让学生在"最近发展区"内进行积极的思考与探索,在此过程中教师通过在"最近发展区"内创设富有启发性的数学问题情境,使创设的问题情境与学生数学认知结构中适当的图式

[①] 这个案例收集于 2005 年 3 月,是昆明市石林民族中学"数学情境与提出问题"教学实验研究课,这里给出一个教学片段.

建立起自然的、内在的、逻辑联系,从而激活学生的数学思维.其次,以"质疑"为"启发"的主要手段,通过"质疑"引起学生的"愤悱",生成有效的数学探究活动."质疑"是为了引导学生进一步对问题进行数学思考,以达到对数学问题本质的理解,其目的是以提高学生学习的主动性和迁移能力为宗旨,以学生学会数学思维,发展对事物的认识力为目标.

8.2 数学质疑式教学系统的子系统分析

当前,用系统论对课堂教学进行研究逐渐成为了一种趋势.按照系统论的观点,数学教学是学校教育系统的二阶子系统.对于这个子系统,它又由一些三阶子系统构成.在这一节中,从教学系统出发,对数学质疑式教学做进一步的分析.

根据2010年下半年和2011年对昆明市初中数学课堂教学的观课、议课的体验,辅之以文献分析,数学教学的三阶子系统可以分为"动力子系统"、"条件子系统"和"策略子系统".这是因为,首先,数学教学开展的基础是学生要有学习的动力;其次,开展质疑式教学是有一定的条件的,需要对这些条件做更加深入的分析;再次,使得教学系统良好的运转需要一些策略.

1949年,美籍奥地利生物学家贝塔朗菲(L. V. Bertalanffy)出版的《一般系统论——基础、发展和应用》一书,意味着系统论的诞生.从此,现代科学便进入了系统科学的时代.用系统的观点研究事物的变化发展成为了一个新的视角,这一节将采用系统论的观点对数学课堂学习的动力子系统进行分析.

根据2011年对昆明市数学课堂教学的观察,数学课堂学习的启动多是以"教师提问——学生回答——教师解释或判断"开始的,这也是中国目前班级制教学的主要行为特征之一.尽管教学的内容不同,教师也尝试采用不同的教学方式,但是在课堂观察中总感受到一个共同点:始终以教师不断地提问、学生不断地回答来驱动课堂教学的进行,学生学习主动性的体现旨在回答教师的提问中.江苏大学理学院宋晓平博士在其博士论文中谈到[①],当前数学课堂的动力有四个方面的问题:① 数学课堂动力启动方式单一;② 数学课堂学习动力维持薄弱;③ 数学课堂学习的动力缺乏有效性;④ 学生为主体性学习的动力不足.

---

① 宋晓平.数学课堂学习动力系统研究——实践视界中的数学教学[D].南京:南京师范大学,2006:2-6.

8.2.1 数学质疑式教学系统的构成要素

要素是构成系统的成分.因而,下面先对数学质疑式教学系统的构成要素做一些讨论.

1. 数学教学系统构成要素回顾

从已有的理论看,人们对课堂教与学过程构成要素的组成的概括主要有以下几种观点:三要素说、四要素说、五要素说、六要素说、七要素说等.

① 三要素说.这是一种历史最为悠久的观点,它认为教学系统分为教师、学生、教学内容三个要素.南斯拉夫学者弗·鲍良克在所著的《教学论》中明确指出:"教师、学生、教学内容是教学的三个基本要素,它们被称为教学论的三角形,无论失去其中哪一个,都不成为教学"①.

② 四要素说.有的学者把四要素解释为教师、学生、教材和教学环境②;还有的认为教学过程是由教师、学生、教材和教学手段组成,其中教师是教学活动的组织者、引导者和控制者,学生是教师的工作对象,教材是衡量教学质量的客观标准,教学手段是联结教师、学生和教材的媒体③;还有学者把教学系统的要素分为过程要素和构成要素,进而认为"教学系统的构成要素包括教师、学生、课程和教学物质条件"④.

③ 五要素说.针对四要素说提出有了教师、学生、课程和方法,再加上教学媒体.在现代教学活动中,现代教学媒体的使用在很大程度上影响着教学气氛、教学效果和教学质量⑤.

④ 六要素说.教学系统是一个特殊的系统,其特殊性就是它的目的性.教学活动是人的活动,人的活动总是有意识、有目的的.目的是教学系统看不见、摸不着,却是无时不起作用的构成要素.所以,教学系统是教师、学生、课程、方法、媒体、目的六要素构成⑥.

⑤ 七要素说.李秉德先生认为,教学系统是由学生、目的、课程、方法、环境、反馈和教师构成的⑦.

---

① 王道俊,王汉澜.教育学[M].北京:人们教育出版社,1998:29-30.
② 路冠英.教学论[M].石家庄:河北教育出版社,1987:48.
③ 罗明基.教学论教程[M].哈尔滨:黑龙江人民出版社,1987:68-69.
④ 吴也显.教学论新编[M].北京:教育科学出版社,1991:77-78.
⑤ 宋晓平.数学课堂学习动力系统研究——实践视界中的数学教学[D].南京:南京师范大学,2006:64.
⑥ 宋晓平.数学课堂学习动力系统研究——实践视界中的数学教学[D].南京:南京师范大学,2006:65.
⑦ 李秉德.教学论[M].北京:人民教育出版社,1991:12-17.

在这项研究中,采用三要素说,认为教学系统是由教师、学生和教材三个要素构成的.但质疑式教学系统中所指的教材是广义的教材,它包括通常意义上的教材,即教科书、练习册、课外读物等,还包括学案.

2. 数学质疑式教学系统三维要素分析

(1)教师维度——质疑式教学中的主导性要素

教师是质疑式教学系统中的主导性因素,对学生的学习起着重要的导向作用,是联系教材、课堂学习情境的中介力量.教师的主导是双向的,一是监控自我,二是质疑、启发学生的学习进程.

(2)学生维度——质疑式教学中的主体性要素

"教育虽然建立在从最近的科学资料中抽取出来的客观的知识的基础上,但它已经不再是从外部强加在学生身上的东西,也不是强加在别人身上的东西.教育必然从学生本人出发的."① 古罗马教育家昆体良(Marcus Fabius Quintilianus,公元35—公元95年)提出"教是为了不教",在他看来,教学的最终目的就是要引导学生自己去发现问题和运用他们的才智.在数学质疑式教学系统中,学生无疑是主体,是质疑式教学系统中的核心要素.没有学习者就没有学习.正如杜威(J. Dewey,1859—1952)指出:"正像没有买主就没有销售一样,除非有人学习,不然就没有教学".② 杜威曾形象地举例,人们可以把马强制地牵到河边,却不能强迫马饮水.在现实的教学中存在:学生为什么学、学什么、怎样学,完全由教师支配.叶圣陶先生曾说:"学习是学生自己的事,无论教师讲得多么好,不调动学生学习积极性,不让学生自学,不培养学生自学能力,是无论如何也学不好的."③ 激发学生的积极性是质疑式教学的首要特征,只有让学生明确学习目标,他们才能自觉地参与学习过程.

(3)教材维度——质疑式教学中的任务性要素

教材是供教学用的资料,如课本、讲义等,有广义和狭义之分.广义的教材是指课堂上和课堂外教师和学生使用的所有教学材料,比如课本、练习册、活动册、故事书等.教师自己编写或设计的材料也可称之为教学材料.总之,广义的教材不一定是装订成册或正式出版的书本.凡是有利于学习者增长知识或发展技能的材料都可称之为教材.狭义的教材即教科书.教科书是一个课程的核心教学材料④.

教材在质疑式教学中的任务性主要体现在以下几个方面:

---

① 联合国教科文组织国际教育发展委员会.学会生存[M].上海:上海译文出版社,1979:218-219.
② 林格伦.课堂教育心理学[M].昆明:云南人民出版社,1983:9.
③ 宋晓平.数学课堂学习动力系统研究——实践视界中的数学教学[D].南京:南京师范大学,2006:68.
④ 教材.百度百科. http://baike.baidu.com/view/84551.htm.

① 在质疑式教学中,教材是发展学生智慧的材料,而不是记忆和掌握静态知识的结果;

② 在质疑式教学中,教材的价值在于为"教"和"学"提供基础文本,是"教与学的材料";

③ 在质疑式教学中,教师要把教材呈现的知识置于某种条件中,置于学习情境中,让学生进入情境,在用教材的过程中发现知识.

8.2.2 数学质疑式教学的动力子系统分析

数学教育的基本宗旨是:使学生掌握数学知识系统;掌握一定的数学技能技巧;发展学生的思维[①]. 而"数学就是一种思维活动,数学问题的提出是人类思维的产物,离开了思维也就无所谓数学了"[②]. 数学家哈尔莫斯(Halmos,1916—2006)指出:"数学家之所以得以存在的主要原因在于解决各种问题,故而真正构成数学的是问题和问题解决[③]". 波普尔(Popper)曾经说过:"科学与知识的增长永远始于问题、终于问题……愈来愈深的问题,愈来愈能启发大量新问题的问题"[④]. 因此,问题是数学质疑式教学系统的主动力. 数学质疑式教学中,"质"和"疑"的是学生的数学思维,不是别的什么.

1. 数学质疑式教学模式的动力源之一——问题和问题链

所谓问题,就其本质而言,是认知主体从未知到已知的过渡形式或中介环节,是未知与已知的统一体. 问题反映了主体现有水平与客观需要的矛盾,问题就是学习者个体的认知矛盾. 所以,问题是相对于个体自身而言的,取决于个体的知识、经验等. 对学生甲构成问题的,对学生乙也许并不构成问题. 但对于属于同一个班级共同体的学生而言,尽管个体之间的知识和经验存在明显的差异,但通常不会存在知识跳跃的阶段性差异[⑤]. 问题的相对性和绝对性的统一的特点,是质疑式教学运行的事实基础,为教师在质疑式教学中用问题进行质疑提供了可能. 问题和问题链成为数学质疑式教学的动力源之一.

(1)问题

质疑式教学的动力子系统的运行机制是:认知主体在内、外信息的刺激下产生

---

① 宋晓平.数学课堂学习动力系统研究——实践视界中的数学教学[D].南京:南京师范大学,2006:76.
② 张乃达,陈士龙.逻辑探索方法[M].郑州:大象出版社,2004:1.
③ 哈尔莫斯.问题是数学的心脏[J].数学通报,1982(4).
④ 波普尔.科学知识的增长[M].北京:生活·读书·新知三联书店,1987:184.
⑤ 李祎.数学教学生成研究[D].南京:南京师范大学,2007:38.

问题,问题引发认知需要(这其实就是产生"疑"的过程),在认知需要的驱动和导向下,借助非认知因素的作用和教师的"质",使思维沿着认知需要的指向运行,由此不断地推进质疑式课堂的运行.

《礼记》曰:"善问者如攻坚木,先其易者而后其节目.及其久也,相说以解."[1]教师要善于发问,他的发问如同砍伐坚硬的木材一样,先从容易的地方入手,然后才砍伐木材的节疤;久而久之,学生就可以愉悦地理解.质疑提问是课堂教学中使用最频繁的课堂教学技能,也是有效教学的重要组成部分,质疑提问质量的好坏直接影响到课堂教学质量.教学用问题的提出强调教师在课堂中的作用,试图描述教师作用有效性的发挥,这种有效性外显特征就是问题.

(2)问题链

面对数学问题,当我们通过对它进行深化、推广、引申、综合,从而发现矛盾和缺陷(问题所在),探索到新的发展规律(需要论证的问题),或找到了问题与问题之间的新的联系时,这就是形成问题链的开始.通过这种过程的不断深化和逐次推进而找到的、具有内在联系的若干问题,就形成了问题链[2].在昆明市第十九中学观课、研课的过程中发现,一节数学课提出几十个问题,并不是什么难事,问题多与有效的课堂教学并不是正相关的,关键是要将问题进行优化组合,形成结构合理的问题链.用问题和问题链进行教学是初中数学质疑式教学中学习动力系统产生动力和维持动力系统运行的泵.

2. 数学质疑式教学模式的动力源之二——题和解题

题在数学学习中处于重要的地位.不仅用以领悟巩固所学的内容、方法,而且能够培养学生的数学思维.题是引发数学质疑式教学学习动力系统运行的另一个泵.

G·波利亚(G Pólya)在其代表作《怎样解题》一书中,给出了一张"怎样解题表",表中以提问的形式列出如何"弄清问题"、"拟订解题计划"、"实现解题计划"及"演算答案".他是通过突出大量的问题来帮助学生进行解题,提出了解题元认知思想.此外,"怎样解题表"中给出了解题的程序,更重要的是给出了解题的策略.他还主张"教师最重要的任务之一是帮助学生","怎么帮助呢?","教会学生思考".这与数学质疑式教学的宗旨是不谋而合的.

解题是数学教育中重要的内容.通过机械的记忆、模仿与简单套用,反复训练

---

[1] 宋晓平.数学课堂学习动力系统研究——实践视界中的数学教学[D].南京:南京师范大学,2006:86.
[2] 黄光荣.问题链方法与数学思维[J].数学教育学报,2003,12(2):35.

学生的记忆功能,帮助学生记住;通过变换各种角度对知识和技能进行讲解,设计各种例题和变式,使学生领会知识的本质;通过在新问题情境中引起学生的认知冲突,促使学生积极介入,教师学生共同参与提出和解决问题.

题与数学教学是密不可分的.通过题和解题教学,使学生积极参与到课堂教学中,主动建构数学知识,探索解决数学问题的方法.

下面看一个案例:

【案例】 16.3 分式方程(一)[①]

一、创设情境

情境为教材中的问题:船在静水中的速度为 20 千米/时,它沿江顺流航行 100 千米所用时间等于逆流航行 60 千米所用时间,求江水的流速为多少千米/时?

针对教学内容,基于对教学任务的理解,教师提出了如下的问题链:

1. 对这个问题你会不会设未知数?
2. 你能不能找出题目中的等量关系?
3. 你能根据等量关系列出相应的方程吗?
4. 此方程是以前我们学过的方程吗?它有什么特点?

二、出示学习目标

在展示教学情境、学生对所质疑的问题有所思考后,教师出示了该节课的学习目标:

1. 知识与技能目标

理解分式方程的概念,知道分式方程与一元一次整式方程的区别和联系.

2. 过程与方法目标

经历独立思考、小组学习和质疑的过程,在学习中进一步感悟数学学习的方法,通过类比一元一次方程的解题方法和步骤,初步掌握解分式方程的方法、基本步骤和验根的方法,由此形成一定的计算技能.

3. 情感态度价值观目标

在融洽的、质疑的学习环境中,产生学习的浓厚兴趣,通过质疑解分式方程的过程,理解验根的目的和意义,以此养成严谨、善疑的学习态度.

三、新课探究

1. 首先,自学教科书第 26,27,28 页,在独立思考的基础上,回答下列问题:

(1)什么叫做分式方程?

[①] 这个案例收集于 2011 年 3 月 10 日,授课教师是北师大昆明附中的 GZZ 高级教师.这是 GZZ 老师在昆明市第十九中学借班上的一节质疑式教学研究课.

(2)你会解情境中所给出的这个方程吗？
(3)类比解一元一次方程该如何解分式方程？
(4)解分式方程与解一元一次方程有什么相同点和不同点？

2.练习迁移

解方程：(1)$\dfrac{1}{2x}=\dfrac{2}{x+3}$　(2)$\dfrac{x}{x+1}=\dfrac{2x}{3x+3}+1$

通过以上计算你能告诉同学解分式方程时应该注意些什么吗？

3.当堂测试

解方程：(1)$\dfrac{1}{x}=\dfrac{5}{x+3}$　(2)$\dfrac{x+5}{2x-2}=\dfrac{3}{x-1}-1$

四、课堂小结

(在同学们经历了自学、交流、质疑、探究等过程，并初步掌握了解分式方程的方法后，教师运用如下的"质疑式引导语"引导学生对学习的结果进行总结和反思.)

① 我知道了……；
② 我学会了……；
③ 我发现了…….

五、作业布置(略)

【反思】 这是分式方程第一课时的内容，整堂课的学习目标在知识领域里有两项：① 理解分式方程的概念；② 通过质疑和探究活动，掌握分式方程的解法和验根的方法.为了达到第一个知识学习目标，GZZ 老师利用船航行这样一个情境，然后给出了由4个问题组成的质疑式问题链.整个问题链的设计分层次，一步步深入.只要在思考和活动过程中把这4个问题都回答了，第一个学习目标也就达成了.为了达成第二个知识学习目标，GZZ 老师让学生们自学、质疑、探究的基础上，在解题的体验中，初步探究出分式方程的解法和验根的方法.

8.2.3　数学质疑式教学的条件子系统分析

从系统论的视角看，数学质疑式教学系统是一个处于动态发展过程中的系统.要使系统不断结构化、层次化，从无序逐渐进入有序，就需要研究系统内部各要素之间的相互作用，研究使数学质疑式教学真正得以发生的条件系统.

数学质疑式教学运行的条件系统主要包括：数学教学情境的"愤悱"性、数学教学的过程性、学案设计的导向性以及课后的反思性等要素.这些要素相互联系、相互影响，共同制约着学生对各类信息的加工和处理，交织组合成为整体的、动态的、能产生维持和促进数学质疑式教学系统运行的条件子系统.

1. 数学教学情境的"愤悱"性

"数学教学情境"是指学生从事数学学习活动、产生数学学习行为的环境或背景,是提供给学生思考空间的智力背景①.数学教学情境的"愤悱"性是数学质疑式教学真正得以发生的条件.一般来说,数学情境的"愤悱"性应满足如下几个条件:

(1)情境要能把学生引入"愤悱"之境

孔子的"愤悱术"注重把握启发的时机,即只有当学生处于"欲知还未知,欲言还未能"的困惑状态时,教师不失时机地加以点拨和引导,才能使学生的思路茅塞顿开,有所领悟,从而产生水到渠成的启发效果.

在数学质疑式教学中,教师要不断地质疑,从引发学生思考开始,把学生领入"愤悱"之境,使其产生疑难和困惑,以此诱发问题,形成认知冲突,从而引起"愤悱".思维起于疑难,疑难起于情境②.把学生领入"愤悱"之境,他头脑内部就进行着激烈的思想活动,因而其思维也就处于积极的状态,他就会全神贯注、目标明确地动脑思考.以此为基础,最大限度地引起学生的"愤悱",从而使数学情境促进学生数学学习和理解.

下面看一个案例片段:

【案例片段】 6.1.1 有序数对③

一、创设情境

师:"这是一个数字的乐园,这里埋藏着丰富的宝藏.请跟我一起走进数学的殿堂."

(GJ 老师用幻灯片展示这一段文字,从情感上对学生进行鼓励)

1. 展示学习目标

(1)通过丰富的实例认识有序数对,感受它在确定点位置中的作用;

(2)了解有序数对的概念,会用有序数对表示点的位置;

(3)通过用有序数对来表示实际问题的情境,经历建立数学模型解决实际问题的过程;

(4)体验有序数对在现实生活中应用的广泛性.

---

① 吕传汉,汪秉彝.再论中小学"数学情境与提出问题"的数学学习[J].数学教育学报,2002,11(4):72-76.
② 韩龙淑,涂荣豹.数学启发式教学中的偏差现象及应对策略[J].中国教育学刊,2006,10(10):67.
③ 这个案例片段收集于 2012 年 3 月 13 日,授课教师是云南师大附属世纪金源学校的 GJ 老师.这节课一年前她上过,在经过专家组议课和她对教学设计进行反思后,GJ 老师在云南师范大学世纪金源学校又上了这节研究课.

2.重点难点

重点:有序数对.

难点:用有序数对表示点的位置.

3.展示图片

4.播放视频

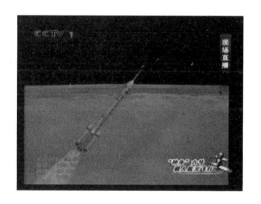

5.质疑

师:"神舟五号、六号的发射和回收都取得了成功,圆了几代中国人的航天梦,让全中国人为之骄傲和自豪!但是你们知道我们的科学家是怎样迅速地找到返回舱着陆的位置的吗?这全依赖于 GPS——'卫星全球定位系统'.大家一定觉得很神奇吧!学习了今天的内容,你就会明白其中的奥妙."

……

【反思】 GJ老师创设了神舟飞船的情境,收集的资料丰富,有图片、视频,仿佛把学生领入了飞船发射时的情境中.在看了图片、视屏之后,学生们都发出感叹之语——"哇".此时,教师抛出问题"你们知道我们的科学家是怎样迅速地找到返回舱着陆的位置的吗?".用这个问题进行质疑,接着导课"这全依赖于GPS——'卫星全球定位系统'.大家一定觉得很神奇吧!学习了今天的内容,你就会明白其中的奥妙."这是一个让学生"愤悱"的数学情境,它从国家的时事中提取信息作为情境,图文并茂,唤起学生学习的积极性,并把学生带入"愤悱"之境,引导学生积极的思维.

(2)情境要简明形象、有层次

教学的艺术性是返璞归真,教师在教学时可运用适度的非形式化方法,将数学的学术形态转化为教育形态,以激发学生对数学的积极思考和能动建构.

由于数学是研究现实世界空间形式与数量关系的科学,具有高度的抽象性、逻辑的严谨性、应用的广泛性等特点,因而"愤悱"的数学情境还应力求简明形象、有层次.贵州师范大学吕传汉教授在对教师培训时喜欢举这样一个例子①,这是一个物理课教学的案例片段,但是对数学教师也会有很好的启发.

【案例】 课题:万有引力

教师:"同学们,你们都听说过苹果落在牛顿头上的故事吧?如果我是牛顿,我也许会想苹果为什么落在我的头上——这是因为有地心引力.但是,如果苹果树长得很高,有山那样高,苹果还会落在我头上吗?"

学生:"苹果当然仍旧落在牛顿的头上!"(另一学生抢着说:"从山上推落一块石头,石头会滚到山脚,所以苹果还是要落在牛顿的头上.")

教师:"那么如果苹果树长得特别的高,长得挨到了月球,苹果还会落到牛顿的头上吗?"

学生:……(少顷,第三个学生回答:"苹果大概不会落到牛顿的头上吧,要不然月亮也会落到地球上啊.")

教师:"这个同学说得好.当苹果树长到从地球到月球那么高的时候,苹果一定不会落到牛顿的头上.同学们想一想,苹果不落下来是不是有一种神秘的力,它拉住了苹果呢?"

学生:……

教师:"按照力学的普遍原理,苹果这个时候不落在牛顿的头上,一定是有另外一种不同于地球引力的力,它拉住了苹果.这是一种什么力呢?下面我们来学习它."

……

这是一个引导学生探究万有引力的案例,以学生熟悉的"牛顿与苹果"的故事

---

① 吕传汉教授于2009—2011年应邀到云南省进行"国培计划——中西部农村骨干教师培训项目"培训时,常常举这个例子.

为资源创设情境,教师生动的语言引发了学生对探究万有引力的兴趣.

(3)情境要符合学生的"数学现实"

弗赖登塔尔说过:"每个人都有自己的'数学现实',其中包括每个人所接触到的客观世界中的数学规律以及有关这些规律的数学知识结构"[①].现实既在不断地扩展,教师的任务就在于,应该确定各类学生在不同阶段所必须达到的"数学现实";随着学生们所接触的客观世界越来越广泛,必须了解并掌握学生所实际拥有的"数学现实",从而据此采取相应方法,予以丰富,予以扩展,以逐步提高学生所具有的"数学现实"的程度并扩充其范围[②].

由于每个人都有自己的一套"数学现实",因而在创设数学情境的时候,要尽力创设与大多数学生的"数学现实"有密切联系的、有一定发展空间的、有意义的数学情境.

下面来看个案例片段:

【案例片段1】 1.2.1 函数的概念(1)[③]

教学过程如下:

一、忆旧迎新

教师首先提出问题:

1.我们初中学过哪些具体的函数?

2.你还能叙述出初中学过的函数的概念吗?

二、新课探究

教师利用课件展示:

实例1 一枚炮弹发射后,经过26 s落到地面击中目标,炮弹的射高为845 m,且炮弹距地面的高度h(单位:m)随时间t(单位:s)变化的规律是:$h=130t-5t^2$.

然后提出问题:

1.实例1中有几个变量?

2.变量有怎样的变化范围?

3.变量之间有联系吗?若有,是怎样联系的?

4.(1)若只有变量t的范围,没有关系式$h=130t-5t^2$,能求出高度h的范围吗?

(2)若只有关系式$h=130t-5t^2$,而没有变量t的范围,能求出高度h的范围吗?

---

① 弗赖登塔尔.作为教育任务的数学[M].陈昌平,唐瑞芬,译.上海:上海教育出版社,1999:2.
② 朱维宗,唐敏.聚焦数学教育——研究生学术沙龙文集[C].昆明:云南民族出版社,2005:114.
③ 这是普通高中人教A版必修1的一节内容.由云南师范大学数学学院数学学科教学论方向硕士研究生康霞设计并执教.

(3)若变量 t 的范围确定,关系式 $h=130t-5t^2$ 也确定,那么高度 h 的范围能确定吗?

实例 2 近几十年来,大气中的臭氧迅速减少,因而出现了臭氧层空洞问题. 下图中的曲线显示了南极上空臭氧空洞的面积从 1979~2001 年的变化情况

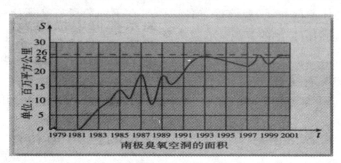

师:"你打算如何分析实例2?请思考

1.实例 2 中有几个变量?

2.两个变量有怎样的变化范围?

3.两个变量之间有联系吗?若有,是通过什么联系的?

4.(1)若只有变量 t 的范围,没有图象,能求出面积 s 的范围吗?

(2)若只有图象,而没有确定变量 t 的范围,你能求出面积 s 的范围吗?

(3)若变量 t 的范围确定,那么面积 s 的范围能确定吗?"

实例 3 国际上常用恩格尔系数反映一个国家人民生活质量的高低,恩格尔系数越低,生活质量越高. 下表中恩格尔系数随时间(年)变化的情况表明,"八五"计划以来我国城镇居民的生活质量发生了显著变化.

表 1-1 "八五"计划以来我国城镇居民恩格尔系数变化情况

时间(年)	1991	1992	1993	1994	1995	1996	1997	1998	1999	2000	2001
城镇居民家庭恩格尔系数(%)	53.8	52.9	50.1	49.9	49.9	48.6	46.4	44.5	41.9	39.2	37.9

教师再提出如下的问题:

1.实例 3 中有几个变量?

2.变量有怎样的变化范围?

3.变量之间有联系吗?若有,是怎样联系的?

4.(1)若只有变量 t 的范围,没有图表,能求出恩格尔系数 y 的范围吗?

(2)若只有图表,而没有变量 t 的范围,能求出恩格尔系数 y 的值吗?

(3)若变量 t 的范围确定,图表也确定,那么恩格尔系数 y 的范围能确定吗?

5.这三个实例有什么共同点?

之后,教师概括,这三个实例的共同点主要有:

(1)都有两个非空数集;

(2)两个数集之间都有一种确定的对应关系.

进而归纳概括得到函数的概念……

【反思】 函数是高中数学的重要内容,在学生学习用集合与对应的语言刻画函数之前,学生已经学会把函数看成变量之间的依赖关系;同时,虽然函数的概念比较抽象,但函数现象大量存在于学生周围.教材从三个背景实例入手,在体会两个变量之间依赖关系的基础上,引导学生运用集合与对应语言刻画函数概念.继而,通过例题,"思考""探究""练习"中的问题从三个层次理解函数概念——函数的定义、函数符号、函数三要素,并与初中的定义作比较.

在第一次设计时,以课本上的实例为依托来展开的.之后,将这个设计在数学学院2009级本科生中进行试讲,发现这样的设计存在两个问题:① 三个实例的教学浪费了大量的时间.这是一节概念课,教学重点是函数的概念.试讲时,在分析完三个实例的基础之上,归纳概括出三个实例的共同点,进而提炼出函数的概念,用时已经30分钟.在高中教学中,课堂教学时间一般为40分钟或45分钟,用30分钟才引出函数的概念,这样的设计显然是不合理的.② 学生对实例中发射炮弹、臭氧空洞和恩格尔系数比较陌生,带来了理解上的困难.执教教师2009年10月在嵩明县第一中学进行教育实习,也上过"函数的概念"这节课,教学设计就是用了这三个实例.课后跟学生进行交流,询问他们对这节课的看法,大多数学生都提到:发射炮弹、臭氧空洞和恩格尔系数离我们太远了,特别是恩格尔系数不怎么清楚它是什么.这样的"情境"与大多数学生的"数学现实"是没有密切联系的,这就给学生理解函数的概念带来了困难.为此,对这个教学设计进行了修改.

【案例片段2】 1.2.1 函数的概念(1)①

教学过程如下:

一、忆旧迎新

教师先提出问题:

---

① 修改过的教学设计于2011年9月16日用于亨德森新世界外国语学校辅导班的教学中.

1.我们初中学过哪些具体的函数?

2.你还能叙述出初中学过的函数的概念吗?

针对上述提问,师生一道对初中所学过的函数进行复习,复习的重点是初中教科书中函数的概念,以及一次函数、正比例函数、反比例函数和二次函数的解析式.然后,进入下个教学环节.

二、新课探究

实例 某种笔记本的单价是5元,买$x \in \{1,2,3,4,5\}$个笔记本需要y元.问题:

(1)试用x的式子表示y.

(2)x和y的取值范围分别是什么?

(3)数集A和数集B是怎样联系起来的?

在学生独立思考的基础上,师生共同概括如下:

① 对于数集A中的任意一个笔记本数x,按照关系式$y=5x$,在数集B中都有唯一确定的钱数y和它对应.

② 对于数集A中的任意一个笔记本数x,按照表格,在数集B中都有唯一确定的钱数y和它对应.

笔记本数x	1	2	3	4	5
钱数y	5	10	15	20	25

③ 对于数集A中的任意一个笔记本数x,按照图象,在数集B中都有唯一确定的钱数y和它对应.

从上面的实例我们知道,数集A和数集B可以通过一个确定的对应关系(解析式、表格、图象)联系起来,并且这个对应关系使得对于集合A中的任意一个数x,在数集B中都有唯一确定的钱数y和它对应.

(进而归纳概括得到函数的概念)……

【反思】 在试讲的基础上,针对案例1设计中存在的问题,对教科书进行了"二次开发"①.教科书中的三个实例让学生在课前阅读、思考,情境改用一个非常简单的"买笔记本"的问题引入.这个情境就很简单,学生容易理解,也能较容易地从中归纳概括出函数的概念.

---

① "二次开发"有时也称"再开发"或"二度开发".一般是指在前人开发基础上对产品的再度发展或创新.教材的"二次开发"主要是指教师和学生在课程实施过程中依据课程标准对既定的教材内容进行适度增删、调整和加工,合理选用和开发其他教学材料,从而使之更好地适应具体的教育教学情景和学生的学习需求.

在考虑学生"数学情境"的基础上,还有深入思考脚手架的搭建.脚手架最早是由教育心理学家布鲁纳从建筑行业借用的一个术语,用来说明在教学活动中,学生可以凭借由教师、同伴以及其他人提供的辅助物,完成原本自己无法独立完成的任务.

在质疑式教学过程中,教师更多的是发挥一种脚手架的作用.通过教师提供脚手架,降低学习任务的难度,减轻学生的认知负荷[①].脚手架可以分为不同的水平和层次.有些脚手架是在认知层面上发挥作用,如教师提供的与新知识相关联的一些功能性、预备性知识;有些脚手架可以在元认知方面发挥作用,如教师提供的一些委婉、含蓄的提示语,其不仅可以促进认知活动,还可以启发和引导学生进行元认知活动[②].

总之,在质疑式教学中创设情境时,要考虑情境与新学习的数学内容的自然衔接和有机融合;要考虑与既要考虑学生原有的数学认知结构,又要考虑使新学习的内容与学生认知结构中的适当知识、经验、方法和观念建立自然的、内在的逻辑联系.在此基础上,充分体现"教与学对应"以及"教与数学对应"的二重原理,使创设的情境具有"愤悱"性、简明形象有层次和符合学生的"数学现实".

2. 数学教学要体现过程性

日本数学教育家米山国藏说过:"学生们在初中或高中学到的数学知识,在进入社会后,如果没有什么机会应用,那么这种作为知识的数学,通常在出校门后不到一两年的时间就会忘掉,然而不管他们从事什么工作,那种铭刻于头脑中的数学精神和数学思想方法,都随时随地发生作用,使他们受益终生."[③]数学学习,最终留给学生的不是学到了多少知识,而是通过数学的学习,让学生掌握了处理问题的方法和技巧,这才是最重要的.数学学习者经历一系列复杂的认知过程,此过程本身即是一个有意义的探索过程.

动态数学观认为数学是拟经验的,数学真理具有发展性和相对性,是人类的一种创造性活动,因而数学知识中蕴涵了数学活动的成分,数学教学就不应仅是结果知识的传递,而是引导学生在体验数学的发生和发展过程中获得知识的活动,是数学思维活动的形成和发展过程[④].

正如德国教育家第斯多惠(1790—1866)所说:"一个好的教师应该教人发现真

---

① Sweller 与他的同事们将认知过程中处理信息和保持信息的总量称为"认知负荷".
② 李祎. 数学教学生成研究[D]. 南京:南京师范大学,2007:39.
③ 转引自:王全刚. 注重思想方法的学习. 河北省 2011 年中小学数学教师素质教育提高全员远程培训. http://2011. hebei. teacher. com. cn/GuoPeiAdmin/UserLog/UserLogView. aspx? UserlogID = 2277850&cfName = 201111152277850
④ 韩龙淑. 数学启发式教学研究[D]. 南京:南京师范大学出版社,2007:80.

理."① 这就给我们启示:在数学质疑式教学中,教师不仅要关注数学学习的结果,更要注重知识获得的过程以及掌握知识的思维方法.通过质疑,让学生体验问题生成的过程、问题解决的思维过程和方法获得的思考过程等,让初中数学质疑式教学真正体现过程性特征.

3. 学案导学

所谓学案,是教师依据学生的认知水平和知识经验指导学生进行主动的知识建构而编写的学习方案②.学案通常以课时或课题为单位,把课本中相应的内容及预习知识,按照学生的认知水平,模拟问题的发现过程,精心设计递进性问题系列,以引导学生沿着问题的台阶,完成自主探索真知的学习程序,是指导学生学习本课时或本课题内容的学习方案;是学生课前预习、课堂自学、课后复习所使用的主动学习的工具与方案;是教师启发讲解的工具与方案③.

与传统教学活动相比,学案导学出现了几方面的变化④:第一,教学理念的变化.学案导学实现了教学中心的转移,要求教师关注学生、研究学情,并以此作为开展教学活动的前提,保证了学生在教学活动中的主体地位.第二,教学形式或教学方式发生了变化.学案导学要求先学后教、以学导教,教师应该跟着学情走,鼓励教学活动中"生成",使教学活动更具有不确定性的特点.第三,教学效果或教学评价发生变化.学案导学提倡激发学生的学习兴趣,要求学生发挥自身的能动作用参与学习,从三维目标角度评价教学,着眼于开发学生的智力,培养学生的能力.

质疑式教学的宗旨是让学生主动建构知识,掌握学习的方法,最终学会学习.学案是一种有效指导学生数学学习的方式,因而学案是质疑式教学得以实施的保障之一.

(1)学案导学的理论依据

关于学案导学的理论依据主要有:① 教学双主动理论认为:教要围绕着学,教才主动;学要围绕着教,学才主动.② 现代教学论则认为:学生的种种能力不是单纯的"教"就能培养出来的.教师的职责不仅在于"教",更在于指导学生"学";不能满足于"学会",更要引导学生"会学".课堂教学过程是激励学生思维、探究成因、创造性解决问题的过程.学生只有在教师指导下创造性地学习,才能有效地获取知识,同时形成学习能力,达到提高整体素质的目的.③ 陶行知先生关于教与学合一

---

① D.P·奥苏贝尔.教育心理学[M].北京:人民教育出版社,1994.
② 孙小明."高中数学学案导学法"课堂教学模式的构建与实践[J].数学通讯,2001(17):6.
③ 王祥.学案导学:一种有效的课堂教学模式[J].教学与管理,2005(12):5.
④ 徐建成.理性对待"学案教学"[J].基础教育课程,2012(5).

的教育教学思想认为:学生学的法子,就是先生教的法子.④ 尝试教学理论认为:学生能尝试、尝试能成功.尝试理论的特征在于先学后导,先练后讲.教学尝试有3个特点:通过学生尝试活动达到教学题纲所规定的教学目标;学生尝试活动过程中有教师的指导,它是一种有指导的尝试;尝试形式要是解决教师根据教学内容所提出的尝试问题.⑤ 迁移理论认为:认知过程中,已经掌握的知识、技能对于新学习的知识,可以发生积极的影响[①].

(2)质疑式教学学案设计的原则

质疑式教学学案的设计一般要遵循以下几个原则:

① 问题设置是学案设计的关键.问题设置要具有一定的科学性、导向性、启发性;要有思维的梯度,为学生搭建脚手架;要分层次、成系列,步步为营.问题设置时要考虑学生的阅读能力、观察能力、分析能力和解决问题的能力,最终学会学习.

② 知识整理是学案设计的重点.在进行学案设计时,要对该部分知识进行整理.对知识的整理包括对知识点的归类,对知识内在逻辑联系及规律的总结等.总之,学生通过学案的学习要能使零散的知识变得系统化、条理化,能加深对所学知识的理解.

③ 练习题设置是学案设计有效的保证.练习题是在知识整理、探索的基础上,为巩固知识而设置的有针对性、灵活性的题目.通常不是单一的一个题,而是一组或一系列题.其设计要求有梯度,螺旋上升,以达到对所学知识的巩固.

(3)质疑式学案设计的形式

根据内容的不同,质疑式学案的设计可分为填空式、图解式、图表式、问题式等.下面逐一介绍.

① 填空式学案.填空式是将学生需要掌握的知识设计成填空的形式,由学生预习或课上填空.如:人教版七年级上册"15.1.1乘方的学案设计"(见附表H)中,自学提纲的部分如下[②]:

自学教材第41,42页并回答下列问题:

1.边长为 a 的正方形面积为_____.

2.棱长为 a 的正方体体积为_____.

3.$a \cdot a$ 简记为_____;读做_____.

4.$a \cdot a \cdot a$ 简记为_____;读做_____.

5.猜想:n 个 a 相乘,即 $a \cdot a \cdots \cdot a$ 记为_____;读做_____.

6._____叫做乘方;乘方的结果叫做_____.

---

① 覃伟合."学案导学式"课堂教学模式的初探[J].四川教育学院学报,2001,17(10):1.
② 这个学案由北师大昆明附中的GZZ老师设计.

7. 在幂 a^n 中,底数是_____;指数是_____;读做_____.

8. 在幂 9^4 中,底数是_____;指数是_____;读做_____.

② 图解式学案. 针对某些知识,可以设计图解式学案来帮助学生记忆知识和理解知识的内在联系. 如人教版八年级下册第十九章四边形的学案设计片段. 见图 8.2.

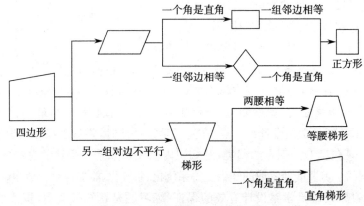

图 8.2　四边形知识结构图

③ 图表式学案设计. 采用图表式学案设计一般有两种情况:有可比性,对比鲜明的知识;比较复杂的题目,可采用图表进行分析. 如人教版七年级上册第二章"课题学习——方案的选择"的学案设计片段.

探究一[①]A 城有可运淡水 200 万吨,B 城有可运淡水 300 万吨,现要把这些淡水全部运往 C,D 两乡. 从 A 城往 C,D 运淡水的费用分别为每万吨 20 元和 25 元;从 B 城往 C,D 两乡运淡水的费用分别为每万吨 15 元和 24 元. 现 C 乡需要淡水 240 万吨,D 乡需要淡水 260 万吨. 请设计一个调运方案,使运费最少.

分析:

运地＼收地	C 地	D 地	总计
A			200 万吨
B			
总计		260 万吨	

这个题目对于七年级的学生而言,是一个难题,理由是信息量带来的困难. 因而在学案设计时,可以用表格的形式分析. 让学生阅读题目,然后填写表格. 这样有

---

① 这个学案由昆明市第十中学 YY 老师设计.

利于对题意的理解,进而突破难点,解决问题.

④ 问题式学案设计.课堂教学不但要求学生掌握知识,还要培养学生的思维能力.思维不是靠传授,而主要是靠质疑、靠启迪来引发的[①].在进行问题式学案设计时,问题的设计要有梯度,能启迪思维,如人教版八年级下册第十九章"19.3 梯形(2)"的学案设计.该学案通过学习目标进行必要的学习提示,然后给出一个质疑式提示语"我们前面所学的特殊四边形的判定定理基本上都是性质定理的逆命题,那么'等腰梯形同一底上两个角相等'的逆命题是什么?"之后,通过质疑式问题链,启发和引导学生一步一步地探究出等腰梯形的判定定理,再通过变式练习,启迪学生在梯形中作辅助线将平行四边形、三角形联系起来,结合等腰梯形的性质去解决一些应用问题(该学案详见附录J).对于问题式学案设计还可看附录I(分式的加减法学案设计).

课题	19.3 梯形(2)[②]
学习目标	1.能用自己的话叙述等腰梯形的判定定理,并能使用该定理解决一些问题; 2.通过独立思考,类比等腰三角形的性质,自主探索出等腰梯形判定方法,学会简单应用; 3.通过添加辅助线,把梯形的问题转化成平行四边形或三角形问题上,体会图形变换的方法和转化的思想.
创设情境	在以下每一个三角形里画一条线段,动手画一画! 1.怎样才能画得梯形? 2.在哪一个三角形中,能得到一个等腰梯形? 前面所学的特殊四边形的判定基本上是性质定理的逆命题.等腰梯形同一底上两个角相等的逆命题是什么? 逆命题是:_____
自主探索	已知:如下图,在梯形 ABCD 中,$AD \parallel BC$,$\angle B = \angle C$,$DE \parallel AB$ 且交 BC 于 E 点.求证:$AB = CD$ 1.观察图中还有哪些相等的角? 2.图中还有哪些相等的线段? 3.你可否得出梯形 ABCD 是等腰梯形? 4.你是否发现了等腰梯形与等腰三角形的联系?

---
① 郭思乐.思维与数学教学[M].北京:人民教育出版社,1991:55.
② 这个学案由昆明市第十九中学GK老师设计.选自2011年5月17日GK老师上的质疑式研究课.

然而,在实际操作过程中,学案导学也存在一些问题①.其一,学案的编写往往是在教师的主导下完成,甚至每一个环节、每一个步骤都由教师设定.结果导致学案等同于教案,只不过是把教学活动中过去由教师主讲的内容变为学生现在自学的内容,教学活动的实质并没有发生改变.其二,学案教学的价值取向需要探讨.它是"以人为本",还是"以知识为本"?如果对学生指导过度,对教学过程束缚过死,则教学活动就有可能出现画虎不成反类犬的效果,与学案导学的初衷相违背.

因此,数学质疑式教学中学案的设计,要本着课标的要求,重点知识要精,突出对学生的自主学习及自我研究能力的培养,对有效指导学生预习,将学习目标、重难点、关键点等清晰地呈现给学生.

4. 有效的监控

要保证质疑式教学系统有效地运转,首先,就要做好教师对学生的监控,特别是对七年级学生学习习惯的监控.其次,要做好对教师的监控,如对教师备课的监控、对教师上公共课的监控以及对教研活动的监控.

(1)教师对学生的监控

习惯是实现某种自动化动作的特殊倾向,人能有意识地养成某种良好的习惯或根除某种不良的习惯②.在质疑式教学中,对七年级的学生最重要的是培养他们的学习习惯,培养他们学会学习的能力.为此,设计了七年级学生数学学习自我评价表③(见附录E)让他们学会对自己一个星期的预习情况、听课情况和作业反思情况进行监控和评价.这里的评价有自我评价和组长评价,目的是使自我评价与他人评价有机地结合起来,更好地展现每个学生一周的实际情况.

(2)对教师的监控

对教师的监控包括对教师备课、上公开课以及教研活动的监控.下面逐一阐述:

① 对教师备课的监控.质疑式教学体现的是以学生为中心的教学,教师真正成为课堂的组织者、管理者,在课堂上少讲,让学生有更多表现的机会.教师在课堂上要少讲,课前就必须精心地准备,做到:精细化备课、确定教学目标、确定教法突破重点."精"指的是要仔细研究课程标准,教学目标要系统化,教学重点要突出.备课时要求整章一起备,便于从整体上宏观把握每个知识点.备课时,在"精"的前提

---

① 这里的论述参考了:徐建成. 理性对待"学案教学"[M]. 基础教育课程,2012(5).
② 陈元晖.教育与心理词典[M].福建:福建教育出版社,1988:600.
③ 这个表是在云南大学附属中学杨洪波老师提供的"云大附中星耀校区七年级学生数学学习自我评价表"的基础上,修改而成.这里对杨洪波老师表示感谢.

下要做到"细". 所谓"细"指的是清楚地知道每一章和每一节有几个知识点;有哪些数学思想方法;每个知识点的来龙去脉是什么;学生在学习的过程中,可能遇到什么问题,有什么困惑,如何能帮助学生解决这些问题和困惑. 在"精"和"细"的基础上,来制定三维目标:知识与技能目标(基石作用)、过程与方法目标(桥梁作用)和情感态度价值观目标(动力作用). 通过三维目标的整合,帮助学生学会学习,在学习中体验思想方法对学习的作用,培养其文化观与审美观.

② 对教师上公开课的监控. 为深入地探索质疑式教学,收到更好的效果,昆明市第十九中学的校领导对学校的教学工作安排做了宏观的部署,把周三下午作为文科科目的公开课、评课和研课时间,周四下午作为理科科目的公开课、评课和研课时间,以教研组为单位开展活动. 各个教研组的老师轮流上公开课,其余老师到场听课,之后进行评课、议课活动,收集经验,不断改进.

③ 对教研组活动的监控. 作为学校教育实践中的具体个人,教师的发展不能没有生命成长的资源. "个体生命是以整体的方式存活在环境中,并在与环境一日不可中断的相互作用和相互构成中生存与发展."①促进教师的生命成长,就是要改变教研组的活动功能,为教师生命成长的"土壤"施肥,开发教师个体生命成长的丰富资源②. 教研组是学校的基础组织,是教师职业生活的基本构成. 教研组的建设与活动开展的质量,直接影响教师当下及今后的发展③.

昆明市第十九中学每周四下午是理科组的教研活动. 教研活动的开展,不仅仅限于学校自身教研组的老师,也邀请西山区、五华区、盘龙区的教研员和同行参与其教研活动. 2010年和2011年参加"国培计划"培训的学员就曾两次到昆明市第十九中学观课、参与数学组的教研活动. 为了使教研活动切实促进每一位教师的成长,也为了使教研活动收到更好的效果,专家组制定了昆明市第十九中学数学教研活动反馈表(见附录L).

8.2.4 数学质疑式教学的策略子系统分析

有了条件系统的保证,质疑式教学系统能有效地运行,但还需要进一步从观念层面探讨质疑式教学的策略系统.

1. "愤悱术"和"产婆术"是质疑式教学的基本策略

孔子认为,启发的先决条件是让学习主体先处于"愤"、"悱"的状态,再通过提

---

① 叶澜. 教育创新呼唤"具体个人"意识[J]. 中国社会科学,2003(1).
② 吴亚萍. "新基础教育"数学教学改革指导纲要[M]. 桂林:广西师范大学出版社,2009:344.
③ 吴亚萍. "新基础教育"数学教学改革指导纲要[M]. 桂林:广西师范大学出版社,2009:346.

问、比喻、谈话等手段进行有针对性地启发.孔子的这种方法也被称为"愤悱术".

苏格拉底认为,理想的教育方法不是把自己现成的、表面的知识教授给别人,而是凭借正确的提问,激发对方的思考,通过对方自身的思考,发现潜藏于自己心中的真理.正像接生婆帮助孕妇依靠自身的力量分娩婴儿一样,教育者也要帮助学生依靠自身的力量去孕育真理、产生真理①.苏格拉底把这种通过不断提问而使学生自己发现、觉悟真理的方法形象地称为"精神助产术"(Maieutike,又译"产婆术")②.这种方法现在也被称为"苏格拉底对话法"(Socrates Dialogue).

无论"愤悱术"还是"产婆术"都强调通过教师的启发来引导学生主动积极地学习."愤悱术"中的愤悱和"产婆术"中自相矛盾的窘境,实质上都强调要使学生经历必要的困惑阶段,并在此过程中获得疑难或困惑的体验,产生力求认知的学习心向,从而领悟问题的实质.因此,"愤悱术"和"产婆术"成为数学质疑式教学的基本策略.

2. 质疑式教学过程的组织策略

教学组织即学生在教师指导下掌握课程教材的组织框架.对教学组织,可从宏观和微观两个层面加以理解.宏观层面的教学组织是教师与学生从事教学活动的一般化的、比较稳定的外部组织形式和框架,可区分为班级授课组织和个别化教学组织两类基本教学组织形式;微观层面的教学组织即比较灵活的具体教学过程的组织③.从微观的具体教学过程的角度来看教学组织,可以将学生的学习分为三种基本形式,即"同步学习"、"分组学习"和"个别学习"④.

在质疑式教学中,课前学生的预习采用的是"个别学习".所谓"个别学习",是指学生之间不交换信息,每个学生自主进行的问题解决学习⑤.通过个别学习的方式,让学生在预习中发现自己的不足,找到困惑,其实是将学生置于"愤悱"之境.

课中学生的学习采用的是分组学习.所谓"分组学习",是把整个班级分成许多小组,以小组为单位进行自主性的共同学习.学生彼此之间进行信息的交换,教师则起指导作用.对于学生的分组,同组之间采用的是异质分组,而组与组之间采取的是同质分组.根据学生的智力状况、学习速度、接受能力将其分为 A,B,C 三个等级,其中 A 为较好,B 为次好,C 为一般.每个组都将 A,B,C 三个层次的学生进行

---

① 张华.课程与教学论[M].上海:上海教育出版社,2000:217.
② 据一些资料记载,苏格拉底的母亲是产婆,终身从事生理助产.苏格拉底本人做过教师,因此,他认为自己终身从事精神助产.
③ 常进荣,朱维宗,康霞.基础教育数学课程教学原理与方法[M].昆明:云南大学出版社,2012:128.
④ 佐藤正夫.教学论原理[M].钟启泉,译.人民教育出版社,1996:327.
⑤ 张华.课程与教学论[M].上海:上海教育出版社,2000:327-329.

搭配.

课后学生的学习采用"个别学习"居多.学生对自己当天所学知识进行反思,对掌握不足的知识技能进行自主学习、巩固.

分组学习和个别学习是具体教学过程中的基本组织形式,它们有各自的优势和不足.在教学过程的组织中,要根据具体情况优化组合这些教学组织形式.

3. 促进有效质疑的策略

这里将结合调查、访谈、观课中所获得的教学经验总结,探讨促进数学课堂教学有效质疑的策略.所谓教育经验总结,就是在不受控制的自然条件下,依据一定的价值取向,按照科学的研究程序,对教育实践中获得的经验事实加以分析、概括,揭示其内在联系和规律,使之上升到教育理论高度的一种研究方法[①].下面对质疑式数学课堂中常用的几个课堂教学策略进行归纳和概括.

(1)变式质疑

变式质疑是质疑式教学中常用的课堂教学策略.在运用时,教师要抓住教材中的典型问题变式,拓宽学生的思路;对学生的众多解法或问题本身,要引导学生反思总结.下面看个案例:

【案例片段】 用待定系数法求二次函数解析式[②]

例1 已知一个二次函数,当自变量 $x=-1$ 时,函数值 $y=10$;当自变量 $x=1$ 时,函数值 $y=4$;当自变量 $x=2$ 时,函数值 $y=7$,求这个二次函数的表达式.

(待学生做完,教师讲解,出示了下列的变式)

变式:

① 已知二次函数图象经过点 $A(-1,10)$,$B(1,4)$,$C(2,7)$,求这个二次函数的表达式.

② 已知二次函数的图象(图象略),求这个二次函数的表达式.

之后,教师让学生反思:

该例题是如何求出二次函数的解析式的?当再遇到这类问题时,我们应该如何思考?

【反思】 这道题的最终目的是让学生学会通过"三点"的坐标来确定二次函数的解析式.在给出例1的解答之后,又给出了变式①和变式②.变式①是给出了三个点的坐标,变式②是给出了图象.其实,例1、变式①和变式②的本质是一样的,只是用不同的方式给出条件.最后,通过一个思考题,让学生对这类题目进行归纳

---

① 温忠麟.教育研究方法基础[M].北京:高等教育出版社,2009:65.
② 这个案例收集于2011年11月"国培计划"在昆明市第十中学跟岗研修期间,由昆十中XYY老师设计.

和概括,达到"触类旁通"的效果.

(2) 反例质疑

反例质疑也是质疑式教学中常用的课堂教学策略.使用这个策略时,教师首先要能够敏锐地捕捉到数学问题中一些似是而非的地方,或学生容易产生认知错误的内容.通过反例质疑,让学生能对数学问题本身有一个更加清晰的认识.

下面举个例子.有的教材对"位似图形"所下的定义是[①]:如果两个图形不仅是相似图形,而且每组对应点所在的直线都经过同一个点,那么这样的两个图形叫做位似图形,这个点叫做位似中心,这时的相似比又称为位似比.

这个定义是否准确呢?下面举个反例:

如图 8.3,已知 $\triangle ABC \backsim \triangle DEF$,它们对应顶点的连线 AD,BE,CF 相交于点 O,这两个三角形并不是位似三角形.

问题出在教材的定义上,这个定义少了一个条件.两个图形是位似图形的准确的叙述是:如果两个图形不仅相似,而且每组对应顶点所在的直线都经过同一个点,不在同一直线上的对应边互相平行,那么这样的两个图形叫做位似图形.

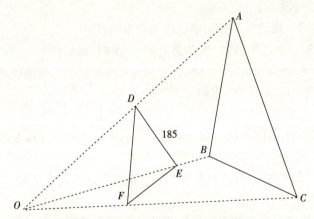

图 8.3 位似图形定义的反例示意图

通过反例质疑,可以进一步概括出位似图形的特征:① 是相似图形;② 每组对应点所在的直线都经过同一个点;③ 不在同一直线上的对应边互相平行.

【反思】 教师在备课时需要有质疑、反思的意识,在教学过程中,也要逐步向学生渗透这种意识,这样才能促进学生在学习过程中既能全身心地投入到学习中,又能通过质疑反思产生对数学知识、数学思想方法的更深层次的认知.又如,初中

[①]《数学》(八年级下册第四章第九节)课题:图形的放大与缩小.北京:北京师范大学出版社,2006 年 11 月第 4 版:154.

学生在学习三角形全等的判定过程中,常常会产生疑问:为什么没有"边边角"公理?

如果教师能启发学生构造出如图 8.4 的反例,学生就能够认识到"边边角"不能作为判断两个三角形全等的依据. 在图 8.4 中,△ABC 和△AB′C 中,AC=AC,AB=AB′,∠A=∠A,符合"边边角"的条件,但是这两个三角形,一个是锐角三角形,一个是钝角三角形,不可能是全等三角形.

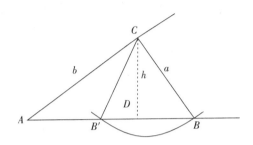

图 8.4　全等三角形判定中"边边角"不成立的反例

在学生解决了这个疑问后,教师还可以再进一步质疑:怎样修改"边边角"的条件,可以使其用作判断两个三角形全等?

事实上,如果把条件改为"若两个三角形中,有两边对应相等,且其中较大的一边所对的角也相等,则这两个三角形全等."[1] 初中数学中,关于两个直角三角形全等判定的"直角边、斜边"其实是这个命题的一个推论.

再如,可以证明下述命题:两个三角形如果两边和第三边上的中线(角平分线)对应相等,那么这两个三角形全等[2]. 此时,学习者可能会产生一个问题:如果将命题中"第三边上的中线(角平分线)"改为"第三边上的高线",命题还成立吗? 图 8.4 就给出了一个反例,说明如果将条件改为"第三边上的高线"则命题不成立. 这是因为,在图 8.4 中,△ABC 和△AB′C 中,AC=AC,AB=AB′,AD 是第三边 AB 或 AB′上的高,符合命题的条件,但是这两个三角形,一个是锐角三角形,一个是钝角三角形,不可能是全等三角形. 因此,反例质疑对学生更深刻地认识数学的本质有重大的意义.

(3) 重视思维点的质疑

---

[1] 限于篇幅,这个命题的证明省略了,有兴趣的读者可参看:傅章秀.几何基础[M].北京:北京师范大学出版社,1984:64.

[2] 有兴趣的读者可参看:朱德祥.方法能力技巧[M].昆明:云南教育出版,1989:20-23.

思维能力是数学能力的重要组成部分,数学教学有很多时间都是在教学生如何思考,展示前人或教师本人的思维活动[①].过去,数学教学中常常把现成的结论教给学生记忆和套用,或者把经过逻辑加工、整理好的数学知识教给学生,没有揭示结论的发现、加工的过程.这样做把知识的发现过程与思维的表述过程互相颠倒,剥夺了学生再发现、再创造的机会.2001年,数学新课程实施后,这样的情况发生了根本性的转变.下面看个课例[②].

在课题"平均数"中,教科书首先提出一个问题:某市三个郊县的人数及人均耕地面积如下表:

郊县	人数/万	人均耕地面积/公顷
A	15	0.15
B	7	0.21
C	10	0.18

这个市的人均耕地面积是多少(精确到 0.01 公顷)?

之后教材采用"质疑式"的方法解决这个问题.先给出一个错误的解法:

小明求得这个市郊县的人均耕地面积为

$$\bar{x} = \frac{0.15+0.21+0.18}{3} = 0.18(公顷)$$

之后提出质疑:你认为小明的做法有道理吗?为什么?

教科书再对这个问题进行如下的分析:

在这个市的三个郊县中,由于各郊县的人数不同,各郊县的人均耕地面积对这个市郊县的人均耕地面积的影响不同,因此,这个市郊县的人均耕地面积不能是三个郊县人均耕地面积的算术平均数

$$\frac{0.15+0.21+0.18}{3}$$

而应该是

$$\frac{0.15\times15+0.21\times7+0.18\times10}{15+7+10} \approx 0.17(公顷)$$

针对这段分析,教材给出了一段质疑式提示语:0.15×15 表示 A 县耕地面积吗?你能说出这个式子中分子、分母各表示什么吗?

【反思】 这个课例的设计很好地体现了质疑式教学的特点,教师在教学时,可

---

① 常进荣,朱维宗,康霞.基础教育数学课程教学原理与方法[M].昆明:云南大学出版社,2012:153.
② 林群,等.数学(八年级下册)[M].北京:人民教育出版社,2008:124-125.

针对学生的认知情况,利用教材给出的质疑式提示语进行质疑:要求出这个市郊县的人均耕地面积是多少,首先应该求什么?是不是应该先知道这个市郊县的总耕地面积?那么,已有的信息中是否有这个市郊县的总耕地面积呢?能否由已知的信息去求出这个市郊县的总耕地面积呢?

针对上述质疑式提示语,学生就不难从 A 县人均耕地面积为 0.15 公顷,以及 A 县人均耕地面积等于 A 县总耕地面积除以总人数中,求出 A 县的总耕地面积为 0.15×15,从而可以理解这个市郊县的人均耕地面积为

$$\frac{0.15 \times 15 + 0.21 \times 7 + 0.18 \times 10}{15 + 7 + 10} \approx 0.17 (公顷)$$

一般来说,学生在数学学习中的困难有三类。第一类,知识性难点。由于缺乏某种必要的基础知识,难以理解与之相关的后继知识。第二类,理解性难点。某些数学概念或定理的抽象程度较高,学生不易把握数学对象的内在联系,不易理解抽象概念的具体含义。第三类,思维性难点。某些数学命题或问题,条件比较隐蔽,问题的特征不易弄清,从而学生不易找到或发现解题、证题的思路,等[①]。针对这三类学习困难,质疑式教学都是解决困难的方法之一。对于知识性难点,需要运用质疑式提示语让学生先回忆出某些必要的基础知识,然后,运用质疑的方式,让学生逐步理解基础知识与后继知识之间的关系。如上述课例中,通过运用质疑式提示语:"已有的信息中是否有这个市郊县的总耕地面积呢?能否由已知的信息去求出这个市郊县的总耕地面积呢?"。通过回忆算术平均数的概念,理解可以从 A 县人均耕地面积和总人数中反求 A 县的总耕地面积。理解性难点,常出现在抽象程度较高的数学概念或命题中。因此,可以通过质疑的方式,把抽象的内容具体化,把复杂的内容简单化,甚至通过搭建支架把复杂问题化为若干个简单问题逐一加以解决。例如,上述的课例中,考虑到学生难以理解加权平均数的概念,教材通过创设情境,提出问题,设计质疑式提示语,让学生逐步领悟加权平均数是算术平均数的拓展,算术平均数是"权"为1的加权平均数。对于思维性难点,也是通过质疑,一步一步降低思维的难点。降低难度的方法可以是:从简单问题开始质疑,使学生易于解决,退一步,进两步,然后逐步提高质疑的深度,启发学生的思维,以达到学生克服思维性障碍的目的。

(4)捕捉可质疑的教学资源

著名教育家布鲁姆(Bloom)有言:"人们无法预料教学所产生的成果的全部范围,否则,教学将变得无任何艺术性可言。"[②] 课堂教学是一个动态发展的过程,人们

---

① 常进荣,朱维宗,康霞.基础教育数学课程教学原理与方法[M].昆明:云南大学出版社,2012:154.
② 布卢姆.教育评价[M].邱渊,译.上海:华东师范大学出版社,1997:23

无法预知课堂教学中下一刻会出现什么状况。这就要求教师要保持清醒的头脑,在教学中多个心眼,随时捕捉课堂教学中可质疑的教学资源.教学资源既包括教学物质资源,也包括教学人力资源[①].这里所指的可捕捉的教学资源一般是教学人力资源,如问题型质疑资源、错误型质疑资源和差异性质疑资源.

① 问题型质疑资源

问题型资源主要指学生在学习过程中出现的困惑、疑难或模糊不清的认识,也包括教师在教学过程中没有预设而生成的问题.例如,《数学教育个案学习》[②]中,刊载了这样一个案例:i 的意义是什么?

在引入虚数单位 i 的概念后,每次都会有学生向我提出 i 在现实中可表示什么意义的问题.在原有的实数系基础上建构复数系,抽象的 i 的引入总是让学生在认知过程中感到困惑和无奈,这一现象不能不引起我们教师的深思.我感到像课本那样叙述,把新数的产生归结为表示方程的解的需要,并不能使学生心服口服的接纳 i.因此,我设计了这样的质疑式谈话.

生:"您课堂上讲虚数单位 i 是 $x^2=-1$ 的平方根,可我总觉得心里挺别扭的.比如说,'1'在实际生活中可以表示一支钢笔、一辆汽车,可 i 在现实中表示什么呢?"

师:"你这个问题问得很好,说明你肯动脑筋.要理解 i 的意义,要先谈谈数的发展,好吗?"

生:"好吧!"

师:"假若你是小学一年级的学生,当我问你'一个苹果我们俩人平分,每人得多少?'该怎么回答?"

生:"每人半个,就是 0.5 个.不过一年级的学生还不知道 0.5 这样的小数吧!肯定回答不出来."

师:"是的.随着年龄的增加,年级的升高,当我们把一个苹果平均分成十份,其中的五份就叫做 0.5,学生就能接受了."

……

生:"……只有我找到了数在实际中的意义,我才接受它.就像我初中学无理数的时候,'$x^2=2, x=\pm\sqrt{2}$,一开始我就是不理解 $\sqrt{2}$,后来,当我知道边长为 1 的正方形的对角线的长度就是 $\sqrt{2}$ 时,我接受了它.可是,虚数 i 代表什么呢?"

---

① 李祎.数学教学生成研究——一种基于的观点[D].南京:南京师范大学,2007:72.
② 李士锜,李俊,等.数学教育个案学习[M].上海:华东师范大学出版社,2001:77-79.(这里为论述简明起见,对该案例进行了必要的删节和调整)

师:"在高中物理学中,有向量这个概念,例如力就是一个向量.假设一个物体同时受到两个力的作用,一个是水平的向右的拉力,一个是水平的向左的摩擦力,那么我们就用一个正实数表示这个向右的拉力,再用一个负实数表示那个向左的摩擦力.要求出他们的合力的话,就用实数的加减法.假设这个物体现在收到第三个力的作用,是垂直向上的拉力,那我们就不能再用一个正实数或者负实数表示了.因为力的方向不同,需要引入新的数来表示垂直向上或向下的拉力.如果水平向右的拉力1牛顿用+1表示,水平向左的摩擦力1牛顿用-1表示,那么为了区别起见,这垂直向上的拉力1牛顿就用i表示,垂直向下的拉力1牛顿就用-i表示."

生:"我好像明白一些了."

师:"回去再想想,等你学完复数在回过头来看i,也许就像你现在看小数、复数和无理数一样清楚了.当你念完大学,再来想这个问题,你还会感觉到今天这些说法有坐井观天的味道呢."

......

上述案例,教师①利用学生学习中的困惑和问题,教师运用质疑式谈话的技巧,逐步让学生对虚数 i 有了一个比以往清晰的理解.

② 错误型质疑资源

心理学家盖耶(Geyer)曾说:"谁不考虑尝试错误,不允许学生犯错误,就将错过最富有成效的学习时刻."② 对教学而言也是如此.教师和学生所犯的错误是课堂教学中可质疑的宝贵资源.这是因为:一是,错误具有比较的价值,不知错误,无法言正确,弄清了错误,也就理解了正确;二是,错误本体具有价值,错误是正确的先导,在学习中历经错误,从错误中汲取教训,从而逐步达到正确的认识.

湖北省孝感高级中学徐新斌老师曾撰写过一个教学案例:一个通病的反思③.有一个青年教师到我校求职,试讲的内容是"数学归纳法".他先用日常生活中的例子,介绍了什么是归纳法、不完全归纳法和完全归纳法,引出数学归纳法后,结合具体问题演示了如何用数学归纳法,最后作了如下的小结:

用数学归纳法证明有关自然数 n 的命题的步骤是:

a. 验证 $n=n_0$(n 的第一个取值)时,命题成立.

b. 设 $n=k(k \geqslant n_0)$ 时命题成立,推出 $n=k+1$ 时命题成立.

---

① 该案例由安徽省淮南五中李群老师撰写.
② 转引自:徐恒祥.差错是数学活动的有效资源[J].河南教育,2006 (1):28-29.
③ 转引自:李士錡,李俊.数学教育个案学习[M].上海:华东师范大学出版社,2001:83-86.(这里做了必要的修改).

后来,因为对数学归纳法理解不深,这位教师求职未成.我还在一些畅销的教辅资料中,发现了类似的错误.

追根溯源,我们在数学归纳法的教学中存在哪些问题呢?应当如何解决?

第一,教材是在不介绍(也不便介绍)皮亚诺公理的前提下,通过实例来展示数学归纳法的.如果教师仅满足于在形式上加以提炼,学生可能就只会模仿和套用,在第二步推理过程中常常出错.

回到上题,在假设 $a_k = -\dfrac{2}{(2k-3)(2k-1)}$ 后,推证 $a_{k+1} = -\dfrac{2}{(2k-1)(2k+1)}$ 成立.要联系到条件

$$2S_{k+1}^2 = 2a_{k+1}S_{k+1} - a_{k+1}$$

即

$$2(S_k + a_{k+1})^2 = 2a_{k+1}(S_k + a_{k+1}) - a_{k+1}$$

这里要先求 S_k,有三种不同层次的思考:

(i)假设 $a_k = -\dfrac{2}{(2k-3)(2k-1)}$ 成立,怎样求 S_k?

(ii)假设 $a_k = -\dfrac{2}{(2k-3)(2k-1)}$ 成立,但其是否真正成立还不知道,怎样求 S_k?

(iii)建立结论在 $n=k$ 时的真假性与 $n=k+1$ 时的真假性的递推关系,假设 $a_k = -\dfrac{2}{(2k-3)(2k-1)}$ 成立,怎样求 S_k?

如果学生的思考仅停留在(i),就可能"从简"而错之;如果学生的思维能上升到(ii)就可能迷茫,一时难以解决问题;如果学生的思维能上升到(iii),才能达到问题的解决……

【评析】 在课堂教学中,教师常常需要利用好错误型质疑资源.对于上述案例,可以结合具体的实例,围绕如下的问题进行质疑:

a."假设 $n=k$ 时,命题 $P(k)$ 成立,推出当 $n=k+1$ 时,命题 $P(k+1)$ 也成立.那么,当 $n=k$,命题到底成立还是不成立?"

b.如果命题成立,何必用"假设"两个字呢?就用"设"或"已知"行不行?

c.在第二个步骤中,我们证明了什么?

数学教学中,常见的问题是:学生往往不知道自己在做什么,知其然而不知其所以然.数学新课程的理念提出要更多地关注学生的学,教师就应该尽量运用质疑的方法让学生理解数学的概念、原理、方法,理解数学知识中所蕴涵的数学思想方法.教学活动过程中的质疑,常常能更好地展示数学思维的过程.

③ 差异性质疑资源

不同学生具有不同的认知基础和认知风格,这是差异性资源生成的内在根源.如在认知过程中学生呈现出的独特想法、新颖见解等,均可看做是差异型的教学资源.在教学过程中,善于把个性化的思维方式、多样化的探索策略作为教学资源,有助于实现学生个体相互间的资源共享,从而不仅会促进学生个体知识意义的生成,而且会使学生在思维方面得到充分的发展.下面看个案例[①]:

教师刚刚讲完异面直线的概念,宣布下课,学生 A 就急切地挤到了讲台前:"老师,我认为异面直线根本不存在."还陶醉在课上生动、活跃气氛中的师生以及没有走出教室的几位听课教师全都惊愕了.

教师暗暗奇怪,课上讲得够清楚了,况且这也不是很抽象,很难建立的概念,为什么学生 A 不能接受呢?教师顺手拿起两支粉笔比作异面直线的样子,可学生 A 仍不愿接受,她指着教师手中的粉笔说:"您这两支粉笔要是再粗些,它们不就相交了吗?"一句话引得大家都乐了,原来,她错误地将"直线没有粗细"理解为"可以任意粗细".

一年以后,在老师的耐心帮助下,学生 A 凭着自己的毅力与自信,尤其是她的善思好问,数学学习有了明显的进步.

……

在 90 届高三总复习时,教师又讲了这个故事.同学们既为学生 A 开始时对直线的荒唐假设感到好笑,也很赞叹她后来学习数学时的进步.下课了,学生 B 来找教师:"学生 A 那个荒唐的假设,启发我发现《总复习》上的一道题的答案是错的,只是我还不知道正确的答案是什么."教师一惊,荒唐的假设竟然启发了另一个学生.

《总复习》上的那个题目是这样的:求到两条异面直线 a,b 等距离的点的轨迹.书上的答案是:在公垂线段的中垂面上的两条相交直线.这里显然是想当然地加上了"在中垂面上求"这个条件.学生 B 接着分析说:"分别以 a,b 为轴作两个等半径的圆柱面,当半径 $r \geqslant \frac{1}{2}d$(异面直线 a,b 的距离)时,这两个圆柱面的公共点即为所求,肯定不止在中垂面上."……

事情已经过去许多年了,可教师仍不能忘怀.为师者绝不要轻视那些看起来"笨"的学生,也不应该嘲笑听起来"荒唐"的问题.若在他们面前不能,甚至不想尽

[①] 李士锜,李俊. 数学教育个案学习[M]. 上海:华东师范大学出版社,2001:63-65.(这里做了必要的删节和修改)

心,那便枉为人师了.

【评析】 其实,这样的利用差异性资源质疑的案例有很多,只要教师是一个"有心人",总能利用好学生的"错误型"资源进行质疑,既可以让产生错误认知的学生认识产生错误的根源,逐步学会数学地思考,又能通过对错误型资源的质疑,让其他学生去思考、去"顿悟".

上海市闸北八中教师面对班级中存在的大量的数学后进生,开展"成功教育"实验研究的一项成果就是针对学困生在数学学习中经常采取"盲目干"的做法,缺失必要的质疑意识、自我评估和自我调整的特点.采用"质疑探究"的手段帮助学生学会思考数学问题.用"质疑探究"的手段主要是设计质疑式提示语,如①:

"是否真正弄懂了题目的要求?"

"困难是由于疏漏条件造成的吗?"、"困难是由于选择途径不当造成的吗?"、"困难是否由于缺失分解出对象的特征造成的?"

"对于条件与目标,还有哪些知识可与它们关联呢?"

"对此问题知道得太少,为什么不退回到具体情境,做些实验,从中发现点什么以后,再回到原问题中去呢?"

"数(形)的问题那么难处理,为什么不把它化为形(数)的问题呢?"

"问题似乎已经解决了,其中还有哪些不足?"等.

教学人力资源的显著特点是具有再生性,可进行循环开发和利用.当教师进行了质疑性资源的开发后,教学的开展就有了新的素材.

4. 质疑式提示语

数学教学从一定程度上说,也就是数学语言的教学②.学习数学在某种程度上可以说是学习数学语言,学习数学的过程也就是数学语言不断内化、不断形成、不断运用的过程③.语言是思维的工具,学生对数学语言的掌握直接影响其数学思维、数学表达和数学交流的成效④.数学质疑式教学,除了学案等一些无语启发、质疑外,多数情况下需要教师借助质疑式提示语给学生提示或暗示,是学生发现问题、提出问题、解决问题.

(1)质疑式提示语的由来

质疑式提示语是教师在教学中用于启发学生的语言.教师通过精心设计的质

---

① 唐瑞芬,朱成杰,等.数学教学理论选讲[M].上海:华东师范大学出版社,2001:151.
② 斯托利亚尔.数学教育学[M].丁尔陞,等译.北京:人民教育出版社,1985:223-225.
③ 邵光华,等.数学语言及教学研究[J].课程·教材·教法,2005(2):36.
④ 韩龙淑.数学启发式教学研究[D].南京:南京师范大学,2007:132.

疑式提示语,通过搭建"支架"①的方法,使学生的知识向横向和纵向生长.

关于质疑式提示语的由来,首先要提到的是数学家波利亚.他在其著名的《怎样解题表》中给出一系列质疑性问题,这些问题不是别人问的,而是解题者自己问自己,通过运用相应的提示语学习自我启发.涂荣豹教授深入研究波利亚数学解题理论中的元认知思想,并对其进一步丰富和发展.在长期深入中学数学课堂进行研课的基础上首次提出"元认知提示语",并充分肯定它在数学教学中的作用.涂荣豹教授的博士研究生韩龙淑对"元认知提示语"进行了深入、细致的研究,提出了"启发性提示语".

(2)质疑式提示语的设计原则

在质疑式教学中,质疑式提示语的设计是一门艺术.要保证质疑的有效性,需要教师认真钻研质疑的技巧,提高教学质疑的艺术水平.下面简要论述质疑式提示语设计的原则②:

① 目的性原则.提示语在设计时,要从认知、情感、动作技能三维目标出发,力求提问具有明确的指向性和适度性.尽量减少提问的随意性,具体设计时可以重点考虑教学的重点、难点和关键;注意在新旧知识连接点处和数学概念容易混淆处设计问题.

② 启发性原则.质疑式的提问要具有一定的思维深度,需要通过猜想、归纳、类比、抽象、概括、分析和综合等思维活动才能获得有效解决.所以,提问要具有明确的活动指向性,要有足够的吸引力,针对学生原有认知结构和新知识产生的矛盾,提出对学生来说既不是完全未知,又不是完全已知的问题,让学生借助已知去探索未知,启发学生进行多样性的思维活动.

③ 层次性原则.提示语要遵循层次性原则,所提问题既不能过难,也不能过易,要根据学生的认知特点设计问题,体现出一定的层次性.具体来说,可以从以下几方面体现提问的层次性.第一,识记、类比式问题.所提问题基本上属于回忆性问题,让学生类比已学过的概念、定理、公式、例题或思想方法可以回答.第二,变式性问题.所提问题在已经掌握的类似或相近问题的基础上,加以改造、变化或重组得到.第三,灵活运用性提问.所提问题需要学生在理解所学知识的基础上,深入思

---

① 支架,最早用于1300年,其原意是指架设在建筑物外部,用以帮助施工的一种设施,俗称"脚手架".在现代汉语词典的解释中,"支架"也有支撑、支持的意思,这里引申为在教学中支持学生学习的教学行为,也就是为学生学习提供的帮助.由支架可以引申出"支架式提问",它是将认知类问题按由浅入深的方式,设计成问题链,帮助学生更好地理解问题和解决问题.

② 这里的论述主要参阅了:常进荣,朱维宗,康霞.基础教育数学课程教学原理与方法[M].昆明:云南大学出版社,2012:141-142.

考、灵活变通、综合运用,才能找到问题的答案.

④ 系统性原则.整节课或一个阶段的提示语设计要形成体系、有序、环环相扣,体现出系统性原则,在数学问题解决的课堂教学中,常常设计如下的问题链:

第一,引导、点题式提问.本节课要解决的问题是什么?

第二,以前是否见过类似的问题?能否联想到这类问题处理方法?如何进行分析与探索?……

第三,考虑问题能不能分解为一些较简单的问题?能否将这个问题特殊化?

第四,怎样给出证明?有哪些不同的证明方法?

第五,从中你能发现什么规律?能否推广到更一般的情形?

第六,如果条件改变,结论会发生什么变化?……

(3)常用的质疑式提示语

在昆明市第十九中学近两年的观课、研课的基础上,根据不同的课型,"质疑"的重点和方式可能不一样,下面对不同课型的常用的提示语进行归纳:

① 概念课常用的提示语:你觉得我们今天该研究什么?你打算怎样研究?能否概括出这几个问题的共同属性?如何表述这个概念?如何用数学符号表示概念?这个概念的实质是什么?能否找出表述这个概念本质特征的关键字、词和句子?你是如何理解它们的?此概念与以前学过哪些概念有联系?它们的异同体现在哪里?能用此概念解决哪些方面的问题?

② 命题课常用的提示语:通过上述问题你能猜想或概括出什么结论?需要研究什么问题?你是如何考虑的?要论证命题的真假,基本的思路有哪些?该命题说明了什么?条件和结论是什么?能复述此命题并用数学符号表示吗?你是否理解了?你是如何理解和记忆的?是否考虑过该命题的适用范围?能用此命题解决哪些方面的问题?

③ 解题课常用的提示语:在这道题中,我们已知什么?要求什么?已知和未知之间有关系吗?有什么关系?能通过什么将它们联系起来?怎么联系?

8.2.5 质疑式教学的各个子系统形成一定的运行模式

系统思想的突出特点是强调整体性[①].对于质疑式教学系统,需要对其作整体的认识和把握.质疑式教学作为一个系统,必须使其内部的各个因素形成一定的结构,才能在具体的教学情境中产生作用.对于质疑式教学系统而言,它并不是由动

---

① 苗东升.系统科学精要[M].北京:中国人民大学出版社,1998:1.

力子系统、条件子系统、策略子系统等三个要素简单地堆砌而成的,而是由这三个系统要素通过相互联系、相互作用,共同组成了具有一定的内在结构的教学系统.

质疑式教学系统的总体结构和运行机制是:在内外信息的交互刺激和相互作用下,动力子系统开始运作,通过动力子系统提供的认知动力,在条件子系统的支持和作用下,思维系统利用策略子系统提供的认知帮助,执行信息的重组、创生等加工任务.如此反复,在三种子系统的交替作用下,不断推进着教学生成系统的持续运作.

但是,需要指出的是,质疑式教学系统是一个具有耗散结构的系统.所谓的耗散结构就是"一个开发系统,能不但与外界交换物质、能量、信息,在远离平衡态的情况下,形成稳定而有序的动态结构."[①]用耗散结构的理论来解释质疑式教学,教师不是直接把知识灌输给学生,而是通过创设富有启发性的质疑情境,由此启迪和引导学生积极思考,形成认知冲突.质疑的任务是让学生处于"愤"、"悱"的心理状态,"愤"、"悱"的实质是"欲知未知、欲言未能"的一种不平衡状态,之后再通过教师进一步地启发让学生对学习内容有所领悟和建构.在上述教学过程中,通过"质疑"输入学生头脑中的信息和能力均需得到充分的交换和消耗,学生的头脑处于"激活"的状态,在学习过程中,体味到知识的学习是一个从无到有,从不知到知,从困惑到解疑,从无序到有序的过程.因此,这时的教学系统是思维激活的、远离平衡态的耗散结构.在数学质疑式教学中,教师的"教学向导"的作用在于促使不平衡产生的同时,去限制这种不平衡,不让它变形成为不可控制的破坏.

当质疑式教学的各个子系统形成一定的运行模式后,数学质疑式教学系统就成为典型的耗散结构,它是在特定价值目标下,多因素协调的系统工程,每个层次结构的运作都具有典型的耗散结构特征.因此,完善的数学质疑式教学系统有其自组织性,能在一定程度上发挥自我组织和自我调节的功能,能避免不必要的外界扰动.

这样可以得出一个结论:实施数学质疑式教学,需要更充分地研究启发式教学的动力系统、条件系统和策略系统,以促成耗散结构的形成,从而提高数学质疑式教学的有效性.

8.3 数学质疑式教学中学生学习的基本特征

这里首先论述学习,其次论述数学学习,再次论述质疑式数学学习.只有对学习和数学学习有了基本的认识,才能在此基础之上更好地理解质疑式教学模式中

---

① 查有梁.控制论、信息论、系统论与教育科学[M].成都:四川省社会科学出版社,1986:85.

学生学习的基本特征.

8.3.1 关于学习

"学习"一词应用比较广泛.它既是人们日常生活中的概念,是一种经验性理解,又是心理学中的核心概念,是一种科学的界定.在教育心理学中,也涉及"学习"这个概念,但它所代表的意义和生活中的"学习"的意义不尽相同①.

关于学习的内涵,不同的心理学派有不同的解释,这其中既有不同学派理论观点的差异,也有由于认识逐步深入而不断发展的因素.

(1)行为主义对"学习"的认识

行为主义认为学习是由练习或经验引起的行为相对持久的变化过程.行为主义认为的"学习"有三个基本点:

① 行为的变化.这就意味着要使学习成为可以观测和测量的概念.例如,儿童学习数学,如果成绩没有显著的变化,就是没有学习;成绩有显著的变化,就是产生学习.

② 行为上的变化是能够相对持久保持的,而由本能、疲劳、适应、成熟、创伤、药物等引起的行为变化不能认为是学习.

③ 学习的发生是由于经验所引起的,这种变化主要是学习者与环境之间复杂的相互作用而产生的,也就是后天习得的,不是先天的或生长成熟的结果.

(2)认知主义对"学习"的认识

认知主义认为学习是人的倾向或能力的变化,这种变化能够保持且不能单纯归因于生长过程(加涅,1965年).这就是把人的内部的认知结构的改变确认为学习.认知主义者认为,同样接受训练,外部行为的变化相同,但在思想深处产生的变化大相径庭,而且还不易从外部看出来.因此,认知主义对学习的理解其实是认为学习主要是行为潜能的变化,内部心理结构的变化,即思维的变化,并且这类变化也是持久的.认知主义对学习的理解要比行为主义的定义更具有进步性.

8.3.2 关于数学学习

下面对数学学习的概念和数学学习的特征做简要的论述②.

1. 数学学习的概念

数学学习是学生通过获得数学知识经验而引起的持久行为、能力和倾向变化

---

① 这部分的论述主要参考了:涂荣豹.数学教学认识论[M].南京:南京师范大学出版社,2003:150-152.
② 这里的论述主要参考了:涂荣豹.数学教学认识论[M].南京:南京师范大学出版社,2003:152-158.

的过程.

数学学习是学习的下位概念,因而数学学习具有一般学习的所有特点,尤其是:

① 以系统掌握数学知识的内容、方法、思想为主,是人类发现基础上的再发现.

② 在教师指导下进行,按照一定的教材和规定的时间内进行,为后继学习和社会实践奠定基础.

2. 数学学习的特点

数学学习除具有一般学习的特点外,由于数学科学具有与其他学科明显不同的突出特点,因而学生在获得数学经验时也表现出明显的特殊性.

(1)数学学习需要不断提高运用抽象概括思维方法的水平

抽象是将一些对象的某一共同属性同其他属性区分开来并分离出来.概括是把从部分对象抽象出来的某一属性推广到同类对象中去.抽象与概括都是一种思维方法.抽象与概括是相互依存不可分离的伴侣,没有抽象就无法概括,没有概括就无需抽象,没有概括,抽象就失去了意义.

数学的这些特点,十分容易使学生造成表面形式的理解,即只记住了形式符号,而不知道符号背后的实质,不能理解它的本质属性,或只能模仿、死记硬背.

(2)数学学习必须突出解题练习这个环节

数学学习离不开解题练习,并且练习要达到一定的数量,才能学好数学.首先,数学自身抽象性的特点决定了只能通过解较多的练习,才能深刻理解数学的概念和定理,才能把握数学的基本思想方法,才能真正掌握数学知识.其次,数学的数学实验性特征,使得数学问题的解决没有什么固定的统一的模式可循,但问题与问题之间又或多或少存在着某种联系,只有通过大量的解题练习,才能为解题增加可供联想的储备,也就是只能"从解题中学解题".再次,数学学习的目的是提高学生的素质,是提高学生掌握一般思维方法和数学特殊思维方法的水平.这是一个长期的过程,只能在长期的大量的解题实践中才能提高.

基于此,质疑式教学模式必须关注学生的解题能力,让学生养成解题反思的习惯,也即课后对自身的"质"、"疑".

8.3.3 质疑式教学中的数学学习

基于数学学习的概念和数学学习的特点,一方面,质疑式教学模式要关注学生的学习,通过一系列的手段,其中最主要的就是"质疑",教会学生学习的方法.在质疑式教学模式中,教师的"教"和学生的"学"并非是一个静止、一成不变的,而是一个动态发展的过程.起初,由于初中学生思维水平、认知发展等的限制,教师是质疑的主体.但随着思维水平、认知、习惯、学习能力等的提升,教师成为学习中的参与,学生开始登上主角的位置.另一方面,质疑式教学模式必须关注学生的解题能力,让学生养成解题反思的习惯,也即课后对自身的"质"、"疑".世上的数学题目有千千万万,教师是教不完的,学生是解不完的.这就要求学生首先要养成解题反思的习惯,解完每一个题目都对自己进行质问,对自己的解题的方法、思路、结果等进行"怀疑"(这种"怀疑"其实就是反思的过程).其次,将解过的题目分类整理,归纳、概括出一类题的解决方法,做到举一反三、触类旁通.

8.4 数学质疑式教学模式的建构

在数学质疑式教学实验的基础上,在对数学质疑式教学理论再探究的层面上,可以尝试建构数学质疑式教学的模式.这是一种"以激励学生学习为特征,以学生活动为中心"的实践模式.

8.4.1 数学质疑式教学的一般模式

数学质疑式教学的一般模式如图 8.5 所示

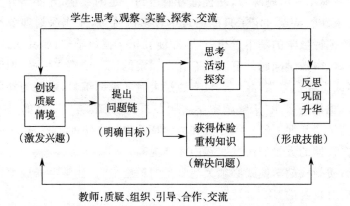

图 8.5　质疑式教学的一般模式图

在图 8.5 中,创设情境是教师在精细化备课的基础上,分析教学内容和教学结构,了解学生的认知基础和学习习惯,有针对性地创设质疑的情境,要求质疑的情境能让学生处于"愤悱"的心理状态,以产生学习的兴趣和动力.在教学实施中,教师要引导学生从情境中提取数学信息,形成问题链,并由此明确学习的目标(此即所谓的水平数学化).之后,在教师的有序组织下,学生依据学案独立思考,参与小组活动,积极开展探究和交流,在此过程中逐步形成学习的体验,并在此基础上建构知识.教师在组织教学活动时要根据学生活动的情况,及时点拨学生的思路,及时从活动中归纳和概括数学的知识、原理、思想、方法.力争让学生对活动探究和所形成的经验进行反思和升华,以形成数学技能.最后,还要对所教学的内容进行归纳和总结,以促进学生对所学的内容产生"顿悟".

按数学质疑式教学的系统分析,创设质疑情境和提出问题链属于动力子系统,其手段是目标——疑问,其基础是在教师对教材结构和知识脉络精细化分析的基础上,对学生学习的基础与预计的困惑方面,有针对性地设计质疑情境和质疑式提示语及问题链.活动探究由条件子系统和策略子系统共同监控.在活动中,一方面通过参与活动细节,让学生获得学习的体验,另一方面学生要能逐步建构出对知识的理解和确立解决问题的数学模型.在反思、巩固、升华阶段,通过教师组织的交流、概括、归纳,让信息充分的在教师和学生之间交换,以体现耗散结构的从不知到知、从困惑到解疑、从无序到有序的特点.升华、巩固的作用是启迪学生心灵的智慧,归纳、总结则是学生对学习内容形成顿悟的基础.

8.4.2 不同数学课型的质疑方法

一般而言,数学课可分为概念课、命题课、复习课和习题课四种类型.根据不同的课型,"质疑"的重点和方式可能不一样.在为期一年的质疑式教学实验过程中,逐步总结出这四类课型的质疑方式:

(1)对于概念课.数学概念是数学的逻辑起点,是学生认知的基础,是学生进行数学思维的核心,在数学学习与教学中具有重要地位[①].学生感悟数学概念,主要依靠数学的抽象思维,因此,质疑的手段以"情境质疑"为主.

(2)对于命题课.学生理解数学命题,主要依靠数学的逻辑思维,因此,质疑的手段以"目标质疑"和"方法质疑"为宜.

(3)对于复习课.由于复习课的特点是要对所学内容在认知结构上形成一个相对完善的数学认知结构,并通过对典型例题、习题的学习,形成一定的数学技能.因此,质疑的手段以"知识质疑"和"能力质疑"为主.

(4)对于习题课.由于习题课的作用有纠错功能,能够深化认知,促进正迁移的产生.所以,质疑的手段以"问题质疑"为主.

---

① 李善良.数学概念学习研究综述[J].数学教育学报,2001,10(3):18.

无论何种课型,质疑总是从课题处质疑,从教学重点、难点处质疑,从主要内容处质疑,从关键词语处质疑.

8.4.3　质疑式教学下的学习基本模式

根据一年多的质疑式教学实验的经验总结,质疑式教学下的学习的基本模式如图 8.6 所示

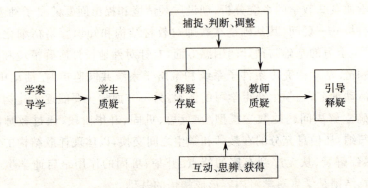

图 8.6　质疑式教学下的学习基本模式

在图 8.6 中,学生在质疑式教学模式下,学习的主要方式是:依据学案质疑,在学习过程中,进行探究分析、整合解释,以形成技能.具体可概括如下:

(1)学生在准备必备知识的基础上,围绕学习内容或数学问题、数学事件或数学现象展开质疑,质疑活动与学生必备知识紧密相关,教师设法通过质疑激起学生认知冲突,激发其求知欲望.

(2)学生通过动手探究,形成和假设,寻找解决问题的数学思想,设计解决问题的过程,分析解释数据或信息,并把观点整合.

(3)在学习过程中,资源、思想和观点共享,展开对话、合作,促进学生在学习过程中形成有效的学习体验.

(4)将所学知识和设计、解决思想和过程应用于新情景,拓宽理解,形成新技能并达成学习目标.

(5)教师与学生共同回顾评价解决思想和过程与必备知识,导向知识的探究学习思想和过程,渗透到日常学习并形成习惯.

一年多的数学质疑式教学实验中,随着实验向纵深发展,实验教师开始重视由学案质疑、教师质疑逐渐把重点转向学生自我质疑,逐步开始在课堂上要求学生在预习的基础上,在积极思考的基础上,主动对学习内容、学习方法、学习效果进行质

疑.但是,培养学生自我质疑的习惯和能力,仍旧是一项长期的、艰巨的任务.

总之,质疑式教学模式下的学生学习要学会质疑的方法,由教师激疑转变到能疑,再转变为会疑.

这一章是在对数学质疑式教学理论基础和实践基础探讨的基础上,在分析质疑式教学实验结果的基础上,对质疑式教学理论的再探究.在这一章中,依据前面的论述,对数学质疑式教学的基本特征进行了分析.质疑式教学的基本特征是还课堂给学生,以"质"为"启",以"疑"导"思",通过"质疑"引发学生的"愤"、"悱",以此生成有效的数学探究活动."质疑"的本质是为了引导学生对问题进行数学思考,对数学问题的本质形成理解,以学生学会数学思维,发展对事物的认识力为目标.

这一章从系统论出发,对数学质疑式教学做系统论的分析.数学质疑式教学系统由动力子系统、条件子系统和策略子系统构成.这部分的研究结论是:一个完善的质疑式教学系统具有耗散结构,它有其自组织性,能在一定程度上发挥自我组织和自我调节的功能,能避免不必要的外界扰动.

这一章还从质疑式教学出发,分析质疑式教学过程中学生学习的基本特征.研究的结论是:通过质疑的手段,学生能从教学活动中,逐步学会学习的方法,包括学习习惯的养成,认知能力的提升,解题能力的形成.换言之,质疑能促进学生学习中的正迁移,能做到举一反三、触类旁通.

第 9 章 结论与思考

没有反思的经验是狭隘的经验,肤浅的经验,如果学生仅满足于获得数学知识和数学学习经验而不对它们进行深入的思考,那么他们的发展将大受限制.

——[美]波斯纳

走进课堂,走出课堂,回到课堂,再走出课堂,是数学教育研究的过程[①].这项研究正是遵循这样一个研究过程进行的.

这一章将从总体上概括、反思这项研究的过程和结论,为进一步深化初中数学课堂质疑式教学的研究工作理清思路、明确方向.还将总结研究中存在的不足以及可以继续研究的问题.

9.1 研究的结论

这项研究是围绕预期的研究内容展开的,主要得到了如下的结论:

1. 从素质教育的理念、创新教育、数学学习观、数学教学观以及第八次课程改革向纵深发展的需要出发,通过文献分析,经验总结,提出在数学课堂教学中运用质疑式教学的方法可以促进学校教育教学的发展.

2. 调查研究方面

对昆明市第十九中学的教师教学和学习基本情况的调查,辅之以课堂观察和录像分析,了解到了昆明市第十九中学课堂教学的基本情况,找到了问题的关键所在.

(1) 初中数学教师对开展教育科研的态度

初中数学质疑式教学研究是昆明市第十九中学的一项校级的教育科研项目,初中数学教师们对开展这项研究的感兴趣程度从一个侧面反映出了教师们对开展教育科研的态度. 昆明市第十九中学有 46.7% 的初中数学教师对开展质疑式教学感兴趣和很有兴趣,而云南省骨干教师中对开展质疑式教学感兴趣和很有兴趣则

---

① 宋晓平. 数学课堂学习动力系统研究——实践视界中的数学教学[D]. 南京:南京师范大学,2006:159.

占到 92.6%. 云南省省级骨干教师们对开展质疑式教学的感兴趣程度远远超过昆明市第十九中学的数学教师们. 随着数学质疑式教学实验向纵深发展, 昆明市第十九中学的数学教师对这项实验的感兴趣程度和参与度正在逐步提升.

(2)初中数学教师引导学生质疑的现状

调查显示, 教师们在备课和课堂教学中, 对如何引导学生进行质疑都有所思考. 随着教学实验的深入, 教师们已经意识到培养学生质疑能力的重要性, 并且这样的认识和学校所处的地域位置和教师的教龄没有显著的相关性.

(3)教师们认为影响质疑式教学开展的因素

调查显示, 教师们认为影响质疑式教学开展的因素主要有三个方面: 第一, 学生基础、已有的知识结构、学习习惯、学习兴趣; 第二, 教师的观念、教师的能力和水平、质疑的方式、问题的引入及合理性; 第三, 升学压力、教学时间、评价体系、学生的配合、注重短期效应. 这也从一个侧面显示了教师们对待一种新的教学方法、新的教育观念的顾虑.

(4)昆明第十九中学课堂教学中存在的问题

走进课堂, 在对昆明市第十九中学教师教学基本情况调查的基础上, 结合课堂教学观课、研课的分析, 得出了昆明第十九中学课堂教学中存在的问题:

第一, 数学教师们对数学本质的认知不够深刻. 对数学本质的认识在一定程度上影响着教师的课堂教学设计, 教师对数学本质的认识不够深刻, 导致教师的课堂教学设计存在针对性不够的现象.

第二, 教师的教学观比较陈旧. 这主要体现在以下几个方面: 课堂上, 学生的主体地位体现不够; 教师的提问倚重形式提问和认知提问, 轻实质性的质疑与元认知质疑; 课堂教学倚重质疑思维结果, 轻质疑思维过程.

第三, 教师的数学专业基础知识不够扎实. 数学教育是数学和教育组成的双专业, 一方面教师要有扎实的专业基础知识, 另一方面要有深厚的教育理论知识. 昆明市第十九中学的数学教师在数学专业基础方面还有待夯实.

3. 实验研究方面

在调查的基础上, 针对昆明市第十九中学课堂教学中存在的问题, 开展了质疑式教学的实验研究. 实验的结果如下:

(1)开展质疑式教学对提高学生的数学学习成绩有一定的作用, 主要表现在整体成绩方面、及格率以及优秀率都有所提高.

(2)开展质疑式教学使得学生对数学学习的看法朝着积极的方向转变. 具体表现在学生开始对数学本质有所认识, 开始意识到数学学习对个人一生成长的意义,学生对数学知识、老师讲授的知识质疑态度从不怀疑向会怀疑的方向转变.

(3)学生对数学学习方法的看法有了变化,主要表现在:实验后有30.8%的同学"同意"和25.0%的同学"强烈同意"自己主动地学习数学比被动地接受老师、别人的数学更有意义;28.8%的同学"同意"和28.8%的同学"强烈同意"经过探究和发现数学公式、定理等比机械地背诵它们更重要;36.5%的同学"同意"和25.0%的同学"强烈同意"弄懂解决一道数学题的过程和方法比盲目地做大量类似的题更重要;30.8%的同学"强烈反对"和46.2%的同学"反对"做数学题意味着按照解题步骤得到答案,反思解题过程是没有必要的.

(4)学生对数学学习的兴趣有一定程度的提高.

(5)学生初步养成了预习的习惯.

4.质疑式教学的理论探讨方面

在实验研究的基础上,对数学质疑式教学理论进行了再探究,得到了如下的结论:

(1)数学质疑式教学的基本特征

数学质疑式教学的基本特征有三个:

① 还课堂给学生;

② 以"质"为"启";

③ 以"疑"导"思".

(2)数学质疑式教学组成一个教学系统

数学质疑式教学系统由三个子系统构成:

① 动力子系统.初中数学质疑式教学系统的动力子系统的动力源有两个:问题和问题链;题和解题.

② 条件子系统.初中数学质疑式教学运行的条件主要包括:数学教学情境的"愤悱"性、数学教学的过程性、学案设计的导向性以及课后的反思性等要素.

③ 策略子系统.初中数学质疑式教学运行的策略主要有:"愤悱术"和"产婆术"是质疑式教学的基本策略;质疑式教学过程的组织策略;促进有效质疑的策略(具体有:变式质疑;反例质疑;重视思维点的质疑;捕捉可质疑的教学资源);质疑式提示语.

(3)质疑式教学中学生的学习

质疑式教学中,学生的数学学习有两个特征:一方面,质疑式教学关注学生的学习,通过一系列的手段,其中最主要的就是"质疑",教会学生学习的方法.另一方面,质疑式教学关注学生的解题能力,让学生养成解题反思的习惯,也即课后对自

身的"质"、"疑".

(4)质疑式教学设计

数学质疑式教学设计主要解决数学教学中"教什么"、"怎么教"、"达到什么效果"这三个基本问题.

(5)建构出来质疑式教学的一般模式(见图 8.5);概括出了不同课型的质疑方法(对于概念课,质疑的手段以"情境质疑"为主;对于命题课,质疑的手段以"目标质疑"和"方法质疑"为主;对于复习课,质疑的手段以"知识质疑"和"能力质疑"为主);建构出了质疑式教学下的学生学习的基本模式(见图 8.6).

对照预期的研究内容和已有的研究结论,可以认为这项研究比较圆满地完成了预期的研究任务.

9.2 研究的创新点

虽然,一线教师在日常的教学工作中,总是有意识或无意识地运用质疑的方法引导、组织教学,以此去培养学生的质疑能力.但是,对质疑式教学做系统研究的却很少见.

这项研究通过文献梳理、理论探讨、调查研究、实验研究等方法对质疑式教学做了比较系统、深入的研究,对启发式教学和质疑式教学的关系也做了比较深入的论证.研究中的一个主要观点就是需要将质疑式教学和启发式教学整合起来,质疑的任务是创设让学生"愤悱"的情境,当学习者对学习内容感到有挑战的情况下,教师再有针对性地进行启发,启发的主要手段是"愤悱术"和"产婆术".因此,质疑式教学的宗旨是:以质疑为先导,以启发为手段,以培养学生学会学习为目的去开展课堂教学,落实第八次基础教育课程改革的基本理念.此外,在昆明市第十九中学进行的数学质疑式教学实验效果比较显著,通过教学实验既促进了学校的教学管理工作,又提高了教师的教育教学技能.同时,学生的学习习惯、学习行为发生了转变,学业成绩有所提高.在 2011 年中考中,数学及其他科目的中考成绩都取得了历史性的突破.

这项研究还以系统论为指导,明确了数学质疑式教学的基本特征,对构成质疑式教学系统的子系统做了比较详尽的分析,对质疑式教学各个子系统的运行模式从理论和实践上予以了论证;在此基础上,探讨质疑式教学的教学设计、学案设计,搜集并整理出一些教学设计和学案设计的案例;最后,在理论探讨与实验检验的基础上,初步构建出质疑式教学的实施模式,包含数学质疑式教学的一般模式、质疑式教学下的学习基本模式和不同数学课型的质疑方法.

研究取得了一些比较好的成果,后面将在对已有研究的反思的基础上,继续开展数学质疑式教学的理论探讨和实验研究.

9.3 研究的反思

一项研究如果仅满足于获得知识和经验而不对它们进行深入的思考,它们的发展将大受限制.因此,这部分对这项研究的过程进行一个反思,在此基础上,找到研究的不足和可以进一步研究的问题.

反思一:曹一鸣教授指出,教学应该走向自由境界,即无模式化教学的追求.研究中构建出了质疑式教学的一般模式,随着教育改革的发展,这个模式还应该不断地完善和发展,并走向无模式化的教学.这需要今后做进一步的研究.

反思二:尽管研究者努力对数学质疑式教学的相关问题进行了系统的研究,并取得了一些结论,但是,由于课堂教学的动态发展性、相对性以及研究者个人能力有限等因素,研究过程还存在一些局限和不足,主要表现在以下几个方面:

① 研究对象的范围较小.在研究过程中由于时间、经济条件以及自身知识基础等研究条件的限制,实验研究主要集中在昆明市第十九中学进行,没能覆盖更多的学校,这在一定程度上影响了结论的信度和效度.

② 实验采取的是非实验设计.非实验设计能在一定程度上反映实验的效果,但由于其自身局限性,对实验结果的准确性是有影响的.

③ 实验中,教师向学生质疑占了主导地位,学生向教师质疑、学生之间相互质疑做得不够好,有待于今后在教学实验中,进一步培养学生的问题意识、质疑意识和质疑能力.

以上不足之处有些是出于研究条件的限制,有些则是研究者才疏学浅、知识水平有限所致,在后续的研究中,将尽力予以弥补.问题和不足是继续研究的动力,它将激励着研究者深入开展后续研究.

9.4 可继续研究的问题

这项研究只是做了一些初步的、理论与实践相结合的探索,尽管在实践中发现了一些问题、总结了一些经验,在理论上提出了一些观点、获得了一些结论,但研究的道路才刚刚起步,正如屈原所说的:"路漫漫其修远兮,吾将上下而求索".这项研究中存在的问题与不足,有待在后续研究中不断地改进和完善.

【案例】"粉笔头落在哪里?"

著名数学教育家吕传汉教授在云南省进行教师培训时,喜欢列举这样一个质疑式的教学案例[①].

在高一的第一节物理课,教师手中的粉笔头扔向地板,然后向同学们提出一个问题:"同学们,粉笔头落到了哪里？为什么？"

同学们齐声回答:"因为有地心引力,粉笔头落在地板上."

教师:"很好！如果我在地上钻一个洞,一个很深的洞,对准这个洞把粉笔头扔下去,粉笔头落在哪里呢？当然,由于地心引力的缘故,粉笔头仍旧落到洞里.现在请同学们设想一下,如果老师有一支'神奇'的钻头,这支钻头可以把地球穿透,老师对着这个洞扔下粉笔头,粉笔头落在哪儿呢？"

由于这个问题问得非常有趣,教室里"开了锅",同学们纷纷给出了自己的猜想,可谁也不能说服谁.教师见时机已到,说了下面的话:

"粉笔头落在哪里同学们现在可能不知道,只要你们努力学习,勤于思考,等学完这个学期,你们就知道粉笔头落在哪儿了."

教师充满智慧的"质疑",让学生对高中的物理课充满了深深的好奇,并引发了学生学习物理的兴趣和激情.粉笔头落在哪里我们也许回答不出来,但这样的质疑式导课可以吸引很多同学投身到物理学的研究中去.

因此,对质疑式教学的研究应该是一个可以深入研究的教学问题.这项研究中,还可以继续研究的问题有:

第一,在对已有文献梳理的过程中发现,质疑式教学古已有之,中外有之.这项研究对国外质疑式教学研究的资料搜集不够全面,今后将继续搜集国内外关于质疑式教学的资料,并把当代一些有影响的教育理论,如情境认知论、情境心理学、生态教育观等,引入到质疑式教学的研究中,探讨它们的联系和区别,以使得质疑式教学的研究进一步向纵、深发展.

第二,研究中力求体现数学教学的数学学科特性,并结合有关论述提出了促进课堂教学中有效质疑的策略,但这些研究还比较粗浅,有待在后续研究中进一步深入探讨.

第三,用实验检验一项教育教学理论是否有效,是一个长期的过程.由于客观

---

① 2008年以来,吕传汉教授每年都要到云南省为中小学教师做培训讲座,在讲座中,他经常举这个案例以说明教学的艺术性.这个教学案例是一个很经典的质疑式教学案例.

条件的限制,这项教学实验仅开展了一年,开展时间还不够充裕,有待做进一步的实验研究.

此外,这项研究的初步效果表明数学质疑式教学的观念、思路、步骤、方法等可以向其他学科进行横向迁移.今后可以将这项教学实验进行横向的拓展.

9.5 结束语

通过这次对初中数学质疑式教学的研究获得了一些有价值的成果,今后将以此作为一个新的研究起点,进行更深入地研究.希望这项研究能够起到一个抛砖引玉的作用,让一线教师能关注教育科研;同时,也希望这项研究不仅能为广大中小学数学教师提供有效的参考,更能为第八次基础教育课程改革的深化提供一些有益的启示.在这项研究结束前,向所有对这项研究给予指导、协助、支持和关心的单位和个人表示最诚挚的感谢!研究中的不到之处,还望各位同仁、广大的中小学数学教师和朋友们给予指正!

"数学教育的功能应该是给学生一颗好奇的心,激发他们胸中的求知欲;给学生以数学的眼光,丰富他们观察世界的方式;给他们一个睿智的头脑,让他们学会理性的思维;给他们一套研究的模式,成为他们探索世界奥秘的显微镜和望远镜;给他们一双数学的眼睛,一对数学的翅膀,让他们看得更远,飞得更高."[①]这里借用涂荣豹先生的话作为这项研究的结束语.

---

① 涂荣豹.数学教学认识论[M].南京:南京师范大学出版社,2003:20.

参考文献

期刊类

[1] 宋乃庆.素质教育观下的教与学[J].中国教育学刊,2009:8.

[2] 黄晓学.论"从惑到识"数学教学原理的建构[J].数学教育学报,2007:16.

[3] 吴振英.中学生数学质疑能力欠缺的归因分析[J].数学教学通讯,2003(9):5.

[4] 宋运明,吕传汉.元认知与提出数学问题[J].贵州师范大学学报:自然科学版,2004,22(1):97.

[5] 张奠宙.教育数学是具有教学形态的数学[J].数学教育学报,2005,14(3):1-4.

[6] 韩龙淑,涂荣豹.数学启发式教学中的偏差现象及应对策略[J].中国教育学刊,2006,10(10):67.

[7] 贺中良.变式质疑[J].湖南教育,2001(11).

[8] 郑丽琴.问题意识与质疑能力的培养[J].贵州教育,2004(12):39.

[9] 孙小明."高中数学学案导学法"课堂教学模式的构建与实践[J].数学通讯,2001(17):6.

[10] 周毓荣.关于质疑[J].山东科技大学学报:社会科学版,2001(4):94-95.

[11] 薛桂平.当前质疑教学存在的问题及对策[J].小学教学参考,2010(1):66.

[12] 李桂强.要注重培养学生的质疑能力[J].数学教学研究,2004(7):14-16.

[13] 唐绍友.数学教学中贯穿"学贵有疑"的教学思想[J].数学通报,2001(12):15.

[14] 庄梅.浅谈数学教学中的设疑、质疑、激疑、释疑[J].数学教学通讯,2003(4):18.

[15] 汪伟.浅议培养学生的数学质疑能力[J].安徽教育,2005(1):27.

[16] 涂荣豹.论数学教育研究的规范性[J].数学教育学报,2003(11):4.

[17] 黄光荣.问题链方法与数学思维[J].数学教育学报,2003,12(2):35.

[18] 哈尔莫斯.问题是数学的心脏[J].数学通报,1982(4).

[19] 邵光华,等.数学语言及教学研究[J].课程·教材·教法,2005(2):36.

[20] 罗新兵,罗增儒.数学创新能力的含义与评价[J].数学教育学报,2004,

13(2):83.

[21] 刘丽丽.对课堂教学中质疑的理解性解读[J].内蒙古教育,2008(4).

著作类

[22] 常进荣,朱维宗,康霞.基础教育数学课程教学原理与方法[M].昆明:云南大学出版社,2012.

[23] 涂荣豹.数学教学认识论[M].南京:南京师范大学出版社,2003.

[24] 朱维宗,唐海军,张洪巍.小学数学课堂教学生成的研究[M].哈尔滨:哈尔滨工业大学出版社,2011.

[25] 中华人民共和国教育部制定.全日制义务教育数学课程标准(实验稿)[M].北京:北京师范大学出版社,2001.

[26] 教育部基础教育司数学课程标准研制组.全日制义务教育数学课程标准(实验)解读[M].北京:北京师范大学出版社,2008.

[27] 温忠麟.教育研究方法基础[M].北京:高等教育出版社,2009.

[28] 裴娣娜.教育科研方法导论[M].合肥:安徽教育出版社,1995.

[29] 施良方,崔允漷.教学理论:课堂教学的原理、策略与研究[M].上海:华东师范大学出版社,1999.

[30] 朱维宗,唐敏.聚焦数学教育——研究生学术沙龙文集[C].昆明:云南民族出版社,2005.

[31] 钟海青.教学模式的选择与运用[M].北京:北京师范大学出版,2006.

[32] 查有梁.教育模式研究[M].北京:教育科学出版社,1997.

[33] 程昌明.论语[M].呼和浩特:远方出版社,2004.

[34] 傅任敢.《学记》译述[M].上海:上海教育出版社,1981.

[35] 熊梅.启发式教学原理研究[M].北京:高等教育出版社,1998.

[36] 张奠宙,宋乃庆,等.数学教育概论[M].2版.北京:高等教育出版社,2009.

[37] 张君达,郭春彦.数学教学实验设计[M].上海:上海教育出版社,1994.

[38] 张奠宙,李士锜,李俊.数学教育学导论[M].北京:高等教育出版社,2003.

[39] 李士锜,李俊,等.数学教育个案学习[M].上海:华东师范大学出版社,2001.

[40] 唐瑞芬,朱成杰,等.数学教学理论选讲[M].上海:华东师范大学出版社,2001.

[41] 夸美纽斯.大教学论[M].傅任敢,译.北京:人民教育出版社,1984.

[42] 乔治·波利亚.怎样解题——数学教学法的新面貌[M].涂泓,译.上海:上

海科技教育出版社,2003.

学位论文类

[43] 韩龙淑.数学启发式教学研究[D].南京:南京师范大学,2007.

[44] 宋晓平.数学课堂学习动力系统研究——实践视界中的数学教学[D].南京:南京师范大学,2006.

[45] 常春艳.数学反思性教学研究[D].南京:南京师范大学,2008.

[46] 宋立华.课堂教学中初中生质疑能力及其培养的研究[D].曲阜:曲阜师范大学,2005.

[47] 李祥兆.基于问题提出的数学学习——探索不同情境中学生问题提出与问题解决的关系[D].上海:华东师范大学,2006.

[48] 李祎.数学教学生成研究[D].南京:南京师范大学,2007.

[49] 彭爱辉.初中数学教师错误分析能力研究[D].重庆:西南大学,2007.

[50] 王蕾.天津市区小学高年级数学问题提出教学的实证研究[D].天津:天津师范大学,2009.

[51] 黄梅.基于三维目标的化学教学策略设计研究[D].重庆:西南大学,2009.

[52] 曹一鸣.数学教学模式的重构与超越[D].南京:南京师范大学,2003.

外文类

[53] SCHOENFELD H. Learning to think mathematically, problem solving, nretacognition and sense making in mathematics[M]//D. A. Grouws (ED). Hana' book of research on mathematics teaching and Iearning. NewYork:McMillan,1992:347.

[54] SWANSON H L. Influence of metacognitive knowledge and aptitude on problem solving[J]. Journal of Educational Psychology,1990,82(2):306.

附录 A 中学生数学学习情况问卷调查(前测)

性别_____ 年龄_____ 年级_____

亲爱的同学们:你们好!本调查是为了研究中学生对数学、数学学习和数学教学的认识,以便于在今后的教学中为你或老师提供更有效的指导和帮助.问卷只供研究所用,和你的学习成绩、鉴定无关.请认真回答.谢谢!

第一部分:请你从 A,B,C,D,E 五个选项中用"√"选出一个唯一的答案.

A、强烈地反对;B、反对;C、不反对也不同意;D、同意;E、强烈地同意

	A	B	C	D	E
1.数学知识之间的联系不是很紧密.					
2.数学与其他学科之间没有多少联系.					
3.学校里学到的数学对日常生活没有多少用.					
4.数学公式、定理等知识是一个永恒不变的、不可怀疑的真理.					
5.数学不是固定不变的知识,而是一种由人类不断发明和创造的文化.					
6.学习数学对锻炼思维没有多大作用.					
7.只要付出努力,大部分人是能够学好数学的.					
8.一个人学习数学的能力是可以通过勤奋学习来提高的.					
9.理解数学需要多次对学习材料仔细思考.					
10.解数学题,要么一下子能解决,要么解答不出,再想也是浪费时间.					
11.学好数学是循序渐进的事情,即使对一个善于学数学的人也是如此.					
12.为一个没有确定答案的数学问题付出努力是浪费时间的事情.					
13.数学老师讲的数学知识总是对的.					
14.自己主动地学习数学比被动地接受老师、别人的数学更有意义.					
15.经过探究和发现数学公式、定理等比机械地背诵它们更重要.					
16.弄懂解决一道数学题的过程和方法比盲目做大量类似的题更重要.					
17.记忆解答数学问题的步骤方法比理解为什么要这样解更重要.					
18.做数学题意味着按照解题步骤得出答案,反思解题过程是没有必要的.					
19.对我来说,数学学习很有趣.					
20.每次解决了一道数学题,我就很快乐.					
21.学习数学的过程中,我经常有成功的感受.					
22.一看到数学,我就焦虑、痛苦.					
23.一想到数学考试,我就害怕.					
24.尽管我做对了数学题,但我还是愿意按照老师或比我成绩好的同学说的方法去做.					
25.做数学难题,如果没有人辅导我或没有辅导书,我很难做下去.					
26.尽管数学难学,我还是尽最大努力去学好.					
27.虽然我对数学没兴趣,但是为了考试,我还是愿意去学数学.					

第二部分:

下面是有关中学生对数学教学和学习看法的调查问卷,仅供研究所用,不评价你学习的优劣.请同学们根据自己的真实想法和做法放心填写,在28～36题中分别选择一个最适合你的答案,并将其对应的字母填在题后的括号内.你的回答对于研究十分重要,非常感谢你的合作和支持!

28. 你心目中的一堂"好"数学课,主要看　　　　　　　　　　　(　　)
    A. 老师的讲解是否系统、条理
    B. 老师是否知识渊博、思路严谨
    C. 老师是否幽默风趣、妙语连珠
    D. 老师是否引导学生主动、积极地思维
    E. 其他

29. 在数学概念、公式、定理等新授课的教学中,你喜欢老师　(　　)
    A. 讲清楚关键要素,再通过例子和练习让学生熟悉和理解
    B. 启发引导学生借助实际问题或相关知识归纳得出
    C. 让学生自己阅读理解提出疑问,解疑答难后再巩固练习
    D. 设计相关问题,由学生自己探索得出,必要时给以提示或引导

30. 在数学例题、习题教学中,你喜欢老师　　　　　　　　　　(　　)
    A. 尽快讲清楚思路和方法,让学生自己解答并做类似的练习
    B. 多变换几种不同的类型,引导学生搞清问题的关键和实质
    C. 放手让学生独立思考,实在探索不下去时,给以启发或讲解
    D. 与学生一起边启发边分析,逐渐摸索出解题途径

31. 在数学复习课教学中,你认为效果较好的做法是　　　　　　(　　)
    A. 由老师归纳知识结构网络,精讲典型例题与习题以加深印象
    B. 由学生归纳知识结构网络,教师修正补充后精讲典型例题与习题以加深印象
    C. 由师生共同归纳知识网络,最后精选练习巩固
    D. 是否归纳知识结构网络并不重要,关键要自己回顾所学,主动深化理解

32. 解决完某个较难的数学问题后,你通常的做法是　　　　　　(　　)
    A. 回顾或反思解题的过程,找出自己探索解题途径的优势与不足
    B. 题既然已经做对了,就没必要回顾或反思解题的过程,因为学习时间有限
    C. 根据具体情况,进行较深入地分析,对问题进行归类、推广或引申
    D. 把解题过程认真整理下来,记住解决这类问题的结论或思路方法

33. 数学学习中,你对教科书、教师讲解的内容的正确性持怎样的态度 (　　)

　　A. 经常怀疑　　B. 偶尔怀疑　　C. 无所谓　　D. 从不怀疑

34. 你对在作业本中一些习题的旁边,写解题后反思的看法是 (　　)

　　A. 很有必要　　B. 有必要　　C. 没必要　　D. 太浪费时间

35. 对于开展反思性数学学习,你的态度是 (　　)

　　A. 积极参与　　B. 按老师的要求做　　C. 不太感兴趣

　　D. 不好确定,因为还不了解反思性数学学习

36. 对于进行数学质疑式教学,你的态度是 (　　)

　　A. 积极参与　　B. 按老师的要求做　　C. 不太感兴趣　　D. 不好确定

附录 B 中学生数学学习情况问卷调查(后测)

性别_____　年龄_____　年级_____

亲爱的同学们:你们好!本调查是为了研究中学生对数学、数学学习和数学教学的认识,以便于在今后的教学中为你或老师提供更有效的指导和帮助.问卷只供研究所用,和你的学习成绩、鉴定无关.请认真回答.谢谢!

第一部分:请你从 A,B,C,D,E 五个选项中用"√"选出一个唯一的答案.

B、强烈地反对;B、反对;C、不反对也不同意;D、同意;E、强烈地同意

	A	B	C	D	E
1.数学知识之间的联系不是很紧密.					
2.数学与其他学科之间没有多少联系.					
3.学校里学到的数学对日常生活没有多少用.					
4.数学公式、定理等知识是一个永恒不变的、不可怀疑的真理.					
5.数学不是固定不变的知识,而是一种由人类不断发明和创造的文化.					
6.学习数学对锻炼思维没有多大作用.					
7.只要付出努力,大部分人是能够学好数学的.					
8.一个人学习数学的能力是可以通过勤奋学习来提高的.					
9.理解数学需要多次对学习材料仔细思考.					
10.解数学题,要么一下子能解决,要么解答不出,再想也是浪费时间.					
11.学好数学是循序渐进的事情,即使对一个善于学数学的人也是如此.					
12.为一个没有确定答案的数学问题付出努力是浪费时间的事情.					
13.数学老师讲的数学知识总是对的.					
14.自己主动地学习数学比被动地接受老师、别人的数学更有意义.					
15.经过探究和发现数学公式、定理等比机械地背诵它们更重要.					
16.弄懂解决一道数学题的过程和方法比盲目做大量类似的题更重要.					
17.记忆解答数学问题的步骤方法比理解为什么要这样解答更重要.					
18.做数学题意味着按照解题步骤得出答案,反思解题过程是没有必要的.					
19.对我来说,数学学习很有趣.					
20.每次解决了一道数学题,我就很快乐.					
21.学习数学的过程中,我经常有成功的感受.					
22.一看到数学,我就焦虑、痛苦.					
23.一想到数学考试,我就害怕.					
24.尽管我做对了数学题,但我还是愿意按照老师或比我成绩好的同学说的方法去做.					
25.做数学难题,如果没有人辅导我或没有辅导书,我很难做下去.					
26.尽管数学难学,我还是尽最大努力去学好.					
27.虽然我对数学没兴趣,但是为了考试,我还是愿意去学数学.					

第二部分：

下面是有关中学生对数学教学和学习看法的调查问卷,仅供研究所用,不评价你学习的优劣.请同学们根据自己的真实想法和做法放心填写,在28～36题中分别选择一个最适合你的答案,并将其对应的字母填在题后的括号内.你的回答对于研究十分重要,非常感谢你的合作和支持！

28. 你心目中的一堂"好"数学课,主要看　　　　　　　　　　（　　）

　A. 老师的讲解是否系统、条理

　B. 老师是否知识渊博、思路严谨

　C. 老师是否幽默风趣、妙语连珠

　D. 老师是否引导学生主动、积极地思维

　E. 其他

29. 在数学概念、公式、定理等新授课的教学中,你喜欢老师　　（　　）

　A. 讲清楚关键要素,再通过例子和练习让学生熟悉和理解

　B. 启发引导学生借助实际问题或相关知识归纳得出

　C. 让学生自己阅读理解提出疑问,解疑答难后再巩固练习

　D. 设计相关问题,由学生自己探索得出,必要时给以提示或引导

30. 在数学例题、习题教学中,你喜欢老师　　　　　　　　　　（　　）

　A. 尽快讲清楚思路和方法,让学生自己解答并做类似的练习

　B. 多变换几种不同的类型,引导学生搞清问题的关键和实质

　C. 放手让学生独立思考,实在探索不下去时,给以启发或讲解

　D. 与学生一起边启发边分析,逐渐摸索出解题途径

31. 在数学复习课教学中,你认为效果较好的做法是　　　　　　（　　）

　A. 由老师归纳知识结构网络,精讲典型例题与习题以加深印象

　B. 由学生归纳知识结构网络,教师修正补充后精讲典型例题与习题以加深印象

　C. 由师生共同归纳知识网络,最后精选练习巩固

　D. 是否归纳知识结构网络并不重要,关键要自己回顾所学,主动深化理解

32. 解决完某个较难的数学问题后,你通常的做法是　　　　　　（　　）

　A. 回顾或反思解题的过程,找出自己探索解题途径的优势与不足

　B. 题既然已经做对了,就没必要回顾或反思解题的过程,因为学习时间有限

　C. 根据具体情况,进行较深入地分析,对问题进行归类、推广或引申

　D. 把解题过程认真整理下来,记住解决这类问题的结论或思路方法

33. 数学学习中,你对教科书、教师讲解的内容的正确性持怎样的态度（　　）
A. 经常怀疑　　B. 偶尔怀疑　　C. 无所谓　　D. 从不怀疑

34. 你对在作业本中一些习题的旁边,写解题后反思的看法是（　　）
A. 很有必要　　B. 有必要　　C. 没必要　　D. 太浪费时间

35. 对于开展反思性数学学习,你的态度是（　　）
A. 积极参与　　B. 按老师的要求做　　C. 不太感兴趣
D. 不好确定,因为还不了解反思性数学学习

36. 在课堂中开展质疑式教学,你的感受如何？谈谈你对数学学习的认知.谈谈它对你的学习兴趣、学习主动性有哪些影响？

附录 C 初中数学教师课堂教学基本情况调查问卷

尊敬的老师：

您好！我们正在做实施"质疑式"教学模式改革的实验研究，为了了解当前中学教师问题提出教学的情况，探讨"质疑式"教与学的规律和特点，我们设计了本调查问卷．此问卷只供研究收集材料之用，对您不会有任何影响，请您不要有任何顾虑，根据实际情况与真实想法进行回答．对您的参与和如实填写，我们表示衷心的感谢！

一、基本情况

性别：□男　　□女　　年龄：

1. 学校所在地：A. 城市　B. 乡镇
2. 学校类别：A. 初中　B. 小学
3. 任课情况：您在学校所学专业是_____；现在任课的专业是_____
4. 职称：A. 初级　B. 中级　C. 高级　D. 特级
5. 职务：A. 普通教师　B. 年级主任　C. 教研组长
   　　　 D. 备课组长　E. 骨干教师　F. 学科带头人
6. 您的教龄有：

A. 少于 3 年　　B. 3～5 年　　C. 6～10 年

D. 11～15 年　　E. 16～20 年　　F. 20 年以上

二、基本看法

1. 您对在课堂上开展问题"质疑"的教学感兴趣吗？　　　　　　（　　）

A. 很有兴趣　　B. 较有兴趣　　C. 一般　　D. 完全没有兴趣

2. 您觉得在课堂上开展问题"质疑"教学对学生学会学习的能力　（　　）

A. 很有帮助　　B. 有些帮助　　C. 一般　　D. 完全没有帮助

3. 您认为在课堂中培养学生"质疑"精神、学会学习的能力　　　（　　）

A. 一定能实现　　B. 可能实现　　C. 实现的可能性不大　　D. 不可能实现

4. 您认为要改变传统教学方式，实施"质疑式"教学方式，您的学生能接受吗？

（　　）

A. 全体都可能　　B. 大部分可能　　C. 少部分可能　　D. 不可能

5.您认为在课堂上对不同学习水平的学生都能进行问题"质疑"的培养吗?
(   )
　　A.完全可以　　B.可能　　C.可能性不大　　D.不可能
6.在课堂上,您曾引导过学生"质疑"吗?　　　　　　　　　　　(   )
　　A.总是　　B.经常　　C.有时　　D.从不
7.每堂课上,您是否都有留给学生"质疑"的时间?　　　　　　　(   )
　　A.总是　　B.经常　　C.有时　　D.从不
8.通常在备课时,您考虑在某个环节让学生"质疑"吗?　　　　　(   )
　　A.总是　　B.经常　　C.有时　　D.从不
9.在复习导入环节中,您曾引导过学生"质疑"吗?　　　　　　　(   )
　　A.总是　　B.经常　　C.有时　　D.从不
10.在讲授新知识的环节中,您曾引导过学生"质疑"吗?　　　　(   )
　　A.总是　　B.经常　　C.有时　　D.从不
11.在练习环节中,您曾引导过学生"质疑"吗?　　　　　　　　(   )
　　A.总是　　B.经常　　C.有时　　D.从不
12.在一课堂上,您曾教过学生"质疑"、学会学习的策略吗?　　(   )
　　A.总是　　B.经常　　C.有时　　D.从不
13.在课堂上,您曾借助过一些辅助手段(如:实物、模型、多媒体等)引导学生"质疑"、学会学习吗?　　　　　　　　　　　　　　　　　　　　(   )
　　A.总是　　B.经常　　C.有时　　D.从不
14.在课堂上,学生提出正确的问题,您会表扬吗?　　　　　　(   )
　　A.总是　　B.经常　　C.有时　　D.从不
15.在课堂上,学生提出错误的问题,您会批评吗?　　　　　　(   )
　　A.总是　　B.经常　　C.有时　　D.从不

三、简答

1.(1)您认为怎样进行"质疑式"教学才能更好地发挥出它的作用?
　(2)请您给出一个您心目中的"质疑式"教学的流程图.
答:(1)

(2)

2.(1)您实施"质疑式"教学,您认为有哪些因素是我们必须考虑的.
(2)在实施中,您认为或遇到的最大的困难是什么?
答:(1)

(2)

附录D　初中数学教师对质疑式教学认识的访谈提纲

编号：_____　学校：_____　职称：_____　学历：_____
性别：_____　民族：_____　教龄：_____　时间：_____

质疑就是提出疑问.

质疑式教学是在启发式教学思想下,结合自身实际而诞生的一种教学模式.简单地说,质疑式教学就是在启发式教学思想的指导下,教师从学生已有的知识、经验和思维水平出发,创设具有"愤悱"性、层次性的问题或问题链,使之成为学生感知的思维对象,进而使学生的心理处于一种悬而未决的求知状态和认知、情感的不平衡状态,从而启迪学生主动积极地思维,最终学会学习和思考.

1.您是怎样看待质疑式教学的开展的？

2.开展质疑式教学您有顾虑吗？若有,您最大的顾虑是什么？

3.您在以前课堂教学中,考虑过如何设置问题来启发学生吗？如果有,您通常会怎么做？

4.为了更好地促进质疑式教学的开展,你认为可以从哪些方面进行考虑？

5.若你课后进行反思,通常主要反思哪些方面？

附录 E 课堂教学中各种提问行为类别频次统计表

学校：　　　　执教：　　　　课题：　　　　时间：

行为类别	频次	百分比%
A.提出问题的类型		
1.常规管理性问题		
2.记忆性问题		
3.推理性问题		
4.创造性问题		
5.批判性问题		
B.挑选回答问题方式		
1.提问前,先点名		
2.提问后,让学生齐答		
3.提问后,叫举手者答		
4.提问后,叫未举手者答		
5.提问后,改问其他同学		
C.教师理答方式		
1.打断学生回答,或自己代答		
2.对学生回答不理睬,或消极批评		
3.重复自己的问题或学生的答案		
4.对学生回答鼓励、称赞		
5.鼓励学生提出问题		
D.学生回答的类型		
1.无回答		
2.机械地判断是否		
3.认知记忆性回答		
4.推理性回答		
5.创造评价性回答		
E.停顿		
1.提问后,没有停顿或不足3秒		
2.提问后,停顿过长		
3.提问后,适当停顿3～5秒		
4.学生答不出来,耐心等待几秒		
5.对于有特殊需要的学生,适当地多等几秒		

说明:统计方式采取划"正"字.

附录F 数学课堂教学听课记录表

学校：_____ 年级：_____ 班级：_____

教师：_____ 学科：_____ 教材：_____

课时：_____ 教学手段：_____ 学生数：_____

窗————————— 讲台 —————————门

	1	2	3	4	5	6	7	8	9	10	
1											1
2											2
3											3
4											4
5											5
6											6
7											7
8											8
9											9
10											10
	1	2	3	4	5	6	7	8	9	10	

其他形式活动记录（在相应项目处划"正"字计）：

(1) 全班统一活动

(2) 每人自主活动

(3) 分组活动

(4) 个别学生面向全体学生问答或向全班演示

(5) 师生个别对话次数记录

(6) 其他

_____年_____月_____日

附录 G　数学课堂师生互动等级量表

时间		地点		课题					
执教教师资料	姓名		职称		教龄		学校		
观察记录	观察内容		次数	效果评价					
				A	B	C	D	E	
	互动类型	师生互动							
		生生互动							
		师班互动							
	教师对互动过程的推进	以问题推进互动							
		以评价推进互动							
		以非语言推进互动							
	言语互动过程计时	30秒以下							
		30秒以上							
	互动管理	有效调控							
		放任							

附录 H 15.1.1 乘方学案设计

课题	15.1.1 乘方
学习目标	1.理解乘方的意义,能准确地、快速地进行乘方运算. 2.经历自学、独立思考、合作学习等环节,学习乘方的数学表示.在学习过程中能用自己的话解释乘方的意义,准确指出具体问题中的底数、指数,能说出幂的正负规律. 3.在学习过程中,进一步养成独立思考、合作探究、反思质疑的习惯.
创设情境	问题一:你吃过拉面吗? 如图工人师傅第一次将一根拉面的两头捏合变成2根,第二次再将两头捏合变成4根……这样拉下去,则第 n 次将拉得多少根? 　　　　第一次　　　　第二次
自学提纲	自学看书 P41,42 回答下列问题: 1.边长为 a 的正方形面积为_____. 2.棱长为 a 的正方体体积为_____. 3.$a \cdot a$ 简记为_____;读做_____. 4.$a \cdot a \cdot a$ 简记为_____;读做_____. 5.猜想:n 个 a 相乘,即 $a \cdot a \cdots \cdot a$ 记为_____;读做_____. 6._____叫做乘方;乘方的结果叫做_____. 7.在幂 a^n 中,底数是_____;指数是_____;读做_____. 8.在幂 9^4 中,底数是_____;指数是_____;读做_____.
练习一	利用乘方的意义计算: (1)1^2　(2)2^3　(3)0^5　(4)$(-2)^3$　(5)$(-3)^2$　(6)$\left(-\dfrac{2}{3}\right)^3$ 从以上练习,你发现幂的正负有什么规律?
练习二	计算: 1.$(-2)^2$ 底数是_____,指数是_____;-2^2 底数是_____,指数是_____. 2.$(-2)^2$ 与 -2^2 相同吗? 你会算吗? 3.计算: (1)$(-1)^{2011}$　(2)$(-1)^{2012}$　(3)-1^{2010} (5)$\left(-\dfrac{1}{2}\right)^4$　(4)$(-5)^3$ 从以上练习,你告诉同学乘方运算应该注意些什么?

附录 H 15.1.1 乘方学案设计

课题	15.1.1乘方
当堂测试	1.$(-3)^3$ 底数是_____,指数是_____. 2.-4^2 底数是_____,指数是_____. 3.$(-2)^4=$_____. 4.$(-\frac{4}{3})^2=$_____. 5.$(-1)^{2010}\times(-2)^3$.
学习反思	1.我知道了…… 2.我学会了…… 3.我发现了…….

附录Ⅰ 16.2.2 分式的加减(一)学案设计

课题	16.2.2 分式的加减(一)　　主备教师：郭自忠
学习目标	1.掌握分式加减的运算法则，能准确、快速地进行分式的加减运算. 2.通过分数与分式概念、性质、运算法则的类比，探究分式加减的运算法则. 3.在学习中，养成观察、联想、类比、反思的习惯，形成严谨的态度.
设置情境	某人用电脑录入汉字文稿的效率相当于手抄的3倍，设他手抄的速度为 a 字/时，那么他录入3000字文稿比手抄少用多少时间？
问题一	1.请计算：$\frac{1}{5}+\frac{2}{5}=$ _____　　$\frac{1}{5}-\frac{2}{5}=$ _____ 2.你认为：$\frac{a}{c}+\frac{b}{c}=$ _____　　$\frac{a}{c}-\frac{b}{c}=$ _____ 3.猜一猜，同分母的分式应该如何加减？
练习一	计算： (1) $\frac{3b}{x}-\frac{b}{x}$　　(2) $\frac{2b}{a+b}-\frac{b}{a+b}$　　(3) $\frac{x}{x-y}+\frac{y}{y-x}$　　(4) $\frac{x^2}{x-y}-\frac{y^2}{x-y}$
问题二	1.请计算：$\frac{1}{2}+\frac{2}{3}=$ _____ 2.你认为：$\frac{a}{b}+\frac{c}{d}=$ _____　　$\frac{a}{b}-\frac{c}{d}=$ _____ 3.猜一猜，异分母的分式应该如何加减？
练习二	计算： (1) $\frac{3}{a}-\frac{1}{4a}$　　(2) $\frac{2m}{5m^2n}-\frac{3n}{10mn^2}$　　(3) $\frac{2x}{x^2-y^2}-\frac{1}{x-y}$
当堂测试	(1) $\frac{x+1}{x}-\frac{1}{x}$　　(2) $\frac{x}{x-1}+\frac{1}{1-x}$　　(3) $\frac{a}{a^2-9}+\frac{3}{a^2-9}$　　(4) $\frac{1}{2c^2d}+\frac{3}{3cd^2}$ (5) $\frac{3}{2m-n}-\frac{2m-n}{(2m-n)^2}$　　(6) $\frac{2a}{a^2-b^2}-\frac{1}{a+b}$　　(7) $\frac{2}{x^2-4}-\frac{1}{2x-4}$
小结	1.如何进行同分母分式的加减？ 2.如何进行异分母分式的加减？ 3.在分式加减运算中应注意什么？

附录 J 19.3 梯形(2)学案设计

课题	19.3 梯形(2)
学习目标	1.能用自己的话叙述等腰梯形的判定定理,并能使用该定理解决一些问题. 2.通过独立思考,类比等腰三角形的性质,自主探索出等腰梯形判定方法,学会简单应用. 3.通过添加辅助线,把梯形的问题转化成平行四边形或三角形问题上,体会图形变换的方法和转化的思想.
创设情境	在以下每一个三角形里画一条线段,动手画一画! 1.怎样才能画得梯形? 2.在哪一个三角形中,能得到一个等腰梯形? 3.前面所学的特殊四边形的判定基本上是性质的逆命题. 4.等腰梯形同一底上两个角相等的逆命题是什么? 逆命题是:_____
自主探索	已知:如下图所示,在梯形 ABCD 中,AD∥BC,∠B=∠C,DE∥AB 且交 BC 于 E 点. 求证:AB=CD. 1.观察图中还有哪些相等的角? 2.图中还有哪些相等的线段? 3.你可否得出梯形 ABCD 是等腰梯形? 4.你是否发现了等腰梯形与等腰三角形的联系? 证明: 例1 已知:如左图所示,在梯形 ABCD 中,AD∥BC,∠B=∠C. 求证:AB=CD. 证明: 归纳:等腰梯形判定定理是:_____
例题讲解	例2 已知:梯形 ABCD 中,BC∥AD,DE∥AB,DE=DC,∠A=100°.求梯形其他三个内角的度数. 解:

课题	19.3 梯形(2)
课堂练习	1.判断: (1)等腰梯形两底角相等. (2)等腰梯形的一组对边相等且平行. (3)同一底上两个角相等的梯形是等腰梯形. 2.填空题: (1)已知等腰梯形的一个锐角等于75°,则其他三个角分别等于_____. (2)已知等腰梯形的周长为25厘米,上、下底分别为7厘米、8厘米,则腰长为_____厘米. 3. P108练习1,2. 4.求证:对角线相等的梯形是等腰梯形. 例 已知:如图所示,梯形 ABCD 中,对角线 AC=BD. 求证:梯形 ABCD 是等腰梯形.(根据提示的辅助线证明)
小测试	1.填空: (1)已知:在梯形 ABCD 中,AD∥BC,当添加一个条件_____时,梯形 ABCD 是等腰梯形.(不添加辅助线或字母) (2)等腰梯形的腰长为 10 cm,两底差 12 cm,则其高为_____. (3)已知梯形 ABCD 中,AD∥BC,AB=CD=2,BC=6,∠B=60°,则 AD=_____. 2.判断: (1)等腰梯形的四个内角中不可能有直角. (2)对角线相等的梯形是等腰梯形. 3.已知:如右图所示,四边形 ABCD 中,∠B=∠C,AB 与 CD 不平行,且 AB=CD. 求证:四边形 ABCD 是等腰梯形.
回顾与反思	1.通过学习,我们知道了哪些等腰梯形的判定方法? 2.解决梯形问题常用的作辅助线的方法是什么? 3.这节课你还有什么收获和疑惑?

附录 K 昆明市第十九中学学生学习自我评价表

1.预习情况自我评价:
A.忘了预习   B.只阅读了预习内容
C.阅读了预习内容,但只能勉强完成部分预习提示
D.阅读了预习内容,并能独立完成预习提示

2.听课情况记录:
A.上课分神或做与课堂无关的事   B.认真听课和认真做练习
C.认真听课和认真做练习,并积极举手回答问题(不一定有机会答题)
D.做到了 C 等,而且答题有精彩见解

3.作业反思情况检查:
A.只对错题进行了订正   B.订正并找到解题所用到的知识点或依据
C.分析了解题出错误原因,哪些步骤比较容易发生错误,并能提出预防再次出错的方法,能用正确的知识点或依据订正
D.分析问题的条件和结论具有何种结构特征(如数字、图形位置、重要词句、题型构造);解决问题的关键何在;如何进行突破;是否还有其他的解法;试比较各种解法,并指出哪种解法最优,最合理

姓名:	一周数学学习自我评价测评表		组长签字:
项目 日期	预习情况自我评价 (自己完成)	听课情况记录 (自己完成)	作业反思情况检查 (组长完成)
星期一	预习内容: 等级:A B C D	课堂内容: 等级:A B C D	反思内容: 等级:A B C D
星期二	内容: 等级:A B C D	内容: 等级:A B C D	反思内容: 等级:A B C D
星期三	内容: 等级:A B C D	内容: 等级:A B C D	反思内容: 等级:A B C D
星期四	内容: 等级:A B C	内容: 等级:A B C D	反思内容: 等级:A B C D
星期五	内容: 等级:A B C D	内容: 等级:A B C D	反思内容: 等级:A B C D
对自己一周数学学习自我监控的自评:			

附录 L　昆明市第十九中学教研活动反馈表

活动时间		活动地点		主持人	
活动主题			评价人	所在单位	
参加人员					

本次教研活动最值得称赞的是：

本次教研活动最需要改进的是：

本次教研活动最引发您思考的是：

感谢本次活动让我们共同地学习与思考，感谢您的评析，让我们共同进步！

昆明市第十九中学数学教研组
2011 年 月 日

后 记

启发式教学是中国教育教学理论中的瑰宝.我们开展的这项研究,其宗旨就是探讨数学课堂教学中怎样用好启发式教学.孔子认为"疑是思之始,学之端",即学习要通过"质疑"来启发思维,获取知识.古希腊思想家苏格拉底的产婆术也是强调用"质疑"、"追问"来让学生学习知识,获得真理.《现代汉语词典》中对"质疑"的解释是:质疑就是提出疑问.质疑式教学就是在启发式教学思想指导下,教师从学生已有的知识、经验和思维水平出发,创设具有"愤悱"性、层次性的问题或问题链,使之成为学生感知的思维对象,进而使学生的心理处于一种悬而未决的求知状态和认知、情感不平衡状态,从而启迪学生主动积极地思维,最终学会学习和思考.

在第八次基础教育课程改革向纵深发展之际,我们有幸认识了昆明市第十九中学的李文昌校长,这是一位具有开拓精神、锐意进取的校长.李校长根据昆明市第十九中学的校情,基于他对基础教育课程改革的思考,提出在昆明市第十九中学开展"质疑式"教学实验,以此去落实第八次基础教育课程改革的理念,推进素质教育,提升学校教师的教育教学能力;在教学实验中,培养学生的问题意识、质疑意识和质疑能力,实现从"学会"到"会学"的转变.2010年下半年,李校长诚挚地邀请云南师范大学数学学院"课程与教学论"硕士学位授予点的导师到昆明市第十九中学调研,和学校领导、教科室的领导以及全体数学教师共同开展"质疑式"教学研究.经过近两年的田野调查、文献分析、理论探讨、实验研究,于是就有了这项初步的研究成果.

2012年4月,我们跟哈尔滨工业大学出版社"刘培杰数学工作室"取得了联系,承蒙刘培杰老师厚爱,策划编辑张永芹老师很快寄来了"图书出版合同",约定2012年5月交稿.这项研究得到了贵州师范大学吕传汉教授的悉心帮助.2011年4月,吕先生亲临昆明与课题组共同商议教学实验的设计和实施.现在,他又亲自为本书作序,使本书增色不少.香港大学梁贯成教授也对这项研究提供了许多宝贵的建议.云南省著名特级教师景海莲老师作为专家组的主要成员,在这项研究中提出了许多真知灼见,并亲自主持将质疑式教学实验推向西山区的20多所小学,他们卓有成效的实践探讨为这项实验取得成效奠定了坚实的基础.在此,向李文昌校长、吕传汉教授、梁贯成教授、景海莲特级教师,策划编辑刘培杰老师、张永芹老师和本书的责任编辑表示深深的谢意!

这项研究得到了云南师范大学研究生部、数学学院、教务处的大力支持,项目被列入云南师范大学研究生部"研究生教学改革立项项目——'数学课程与教学论'示范项目建设"的子课题.该项研究还得到了曲靖师范学院数学与信息科学学院刘俊院长、孙雪梅副院长的协助和鼓励;昆明市第十九中学教科室主任杨继香老师、李彬老师和数学组全体教师积极参与这项教学实验研究,保证了教学实验的顺利进行,并取得了较好的实验效果."质疑式"教学实验研究还得到了北师大昆明附中郭自忠高级教师、云南师范大学世纪金源学校高静高级教师、昆明市五华区教科研中心教研员石稀林高级教师、昆明市盘龙区教科研中心教研员陈益民高级教师、昆明市实验中学教科室主任罗少辉高级教师、昆明市五华区沙朗民族中学数学教研组组长李尧高级教师、昆明市新迎中学李海燕高级教师的大力帮助.云南师范大学数学学院黄永明教授对本书的写作提供了宝贵的意见;云南师范大学数学学院2009级研究生钮钰、孙金妮、文慧,2010级研究生李丹杨、朱彪、骆雯琦,2011级研究生夏莲、刘星辰、张旸、汤旭峰、可静、舒盛平、杨崇豹、朱园娇等参与了这项研究.在研究中,他们的科研意识和科研能力得到了锻炼和提升.在此,向所有参与、关心、支持这项研究的人们,诚挚地表达感谢之情!

本书框架由朱维宗进行整体设计,撰稿的分工如下:朱维宗负责第1章、第8章中8.1,8.3,8.4节和第9章的写作;康霞负责第2章、第5章、第6章、第8章中8.2节的写作,此外,她还负责本书的术语说明和全部附录的整理工作;张洪巍负责第3章、第4章、第7章的写作.全书由朱维宗统稿,康霞打印了全部书稿并校对.

在本书即将付印之际,再次感谢对本书出版做出过帮助的单位和个人,特别感谢云南师范大学数学学院王涛院长、李玉华教授的关心和帮助;特别感谢刘培杰老师及哈尔滨工业大学出版社能够出版我们这本书.同时,也期盼读者给我们指出研究中的问题,给我们提出宝贵的意见和建议,以便我们把工作做得更好!

朱维宗 康 霞 张洪巍
2012年5月于云南师范大学呈贡校区